五官診斷

×

骨架分析的零失誤穿搭法

從此不會穿錯衣

富澤理惠
Rie Tomizawa

前言──穿衣打扮是召喚快樂的魔法道具

明明千挑萬選，結果買回來的衣服看起來還是不適合自己，因此感到心情低落。即將要跟第一次見面的客戶開一場重要的會議，出門前挑來挑去，但最後還是穿了平常的衣服去上班，擔心會不會留下壞印象……

妳是否也有過這些經驗？

過去，我也好幾度因此而想衝回家去換件衣服，還有很多次是因爲身上穿的衣服不適合下個場合，而急急忙忙買了一套新衣服來穿。

我們對他人的印象，大半來自於視覺資訊，而且這個印象據說是取決於剛見面的前幾秒。換言之，外貌是決定妳的第一印象的重大要素。外貌不僅會改變對方對妳的印象，還會影響到妳的內在。

至今我已使用「升級五官診斷」，對超過五千名以上的女性，測量過她們五官的各部位，並將測量結果運用在她們身上。當一個女性做出眞正適合自己的打扮時，她才會開始閃閃發光。

懂得如何善用個人特色進行穿搭，不僅能讓妳的形象產生一百八十度的改變，還會讓妳遇見的人變得不同於以往，甚至讓自己的人生舞台因此而「升級」。

光靠穿衣打扮，就能爲妳創造出如此幸福的良性循環。

大家好，我是富澤理惠。

我曾在一間大型成衣公司任職，並以那段工作經驗爲基礎，在這十年間，透過時尚顧問的工作，或培訓、講座等課程，幫助許多人找回與生俱來的魅力。

我接觸過許多人，發現大家選擇的衣服所散發出的氛圍，往往不同於自己與生俱來的魅力，並因而產生困擾。

這樣的煩惱？

煩惱 01

在雜誌上看到好看的衣服，
或看到崇拜的人穿了某件衣服，
而買了一模一樣的商品，

結果我穿起來就是沒有那種感覺。

煩惱 02

對穿搭沒自信，

覺得買衣服很麻煩。

煩惱 03

最喜歡購物了♪
不會錯過每季流行的服飾，
因此衣櫃裡擺滿了衣服。

即使如此，每天早上
還是不知道要怎麼穿……

妳是否也有

煩惱

04

穿自己喜歡的衣服，
過去總是會被誇說很好看，
現在穿起來卻怪怪的。

而且最近都沒有人再稱讚過我了……

煩惱

05

忙到沒有時間
買衣服。

就算真的去買，也因為要帶小孩，
而無法好好試穿。

購買時明明覺得很適合，
店員也說好看……

但回到家試穿時，
看起來的氛圍卻不太一樣。
怎麼會這樣?!

煩惱

06

各位的這些煩惱

都將在本書中得到完美解決♪

三個訣竅讓選擇單品變得輕鬆又快樂

前兩頁舉出了關於打扮常見的煩惱，妳的煩惱也在其中嗎？

我身邊也有不少人覺得自己很不擅長買衣服。

但買衣服，其實是在挑選展現自我魅力的單品，這原本應該是一件充滿樂趣的事才對。

因此本書就要告訴各位，如何才能讓妳在挑選衣服時，變得更輕鬆又快樂。

其實，要選出能展現妳的魅力的服裝，訣竅只有三項！

只要掌握下列三項要點，就算不試穿，也能找到最適合自己的衣服。

1 修飾身材的「配色」

2 襯托五官與身材的「款式設計」

3 突顯服裝的「配件與首飾」

Three Tips for selecting the Good Clothes

太忙碌而沒有時間去逛服飾店。
逛街買衣服很麻煩。
小孩還小，無法好好試穿。
不擅長穿搭。

「即使如此，我還是想打扮得漂漂亮亮！」
如果妳是這樣的人，那麼我更希望妳能翻開這本書來看看。

服裝打扮能讓妳變得閃閃發光。這一路以來，我曾看過許多人閃閃發光的模樣。穿上適合自己的衣服，會讓妳從內向外改變，並且因此產生自信。充滿自信的女人當然最美麗。

服裝打扮中蘊藏著改變人生的力量。
了解自己與生俱來的優點，讓自己愈來愈愛自己吧！

富澤理惠

contents

前言——穿衣打扮是召喚快樂的魔法道具……002
三個訣竅讓選擇單品變得輕鬆又快樂……006

Lesson 1

不試穿也能找到適合自己的衣服！

① 別被店員的甜言蜜語沖昏頭！……019
② 人氣的骨架診斷再加上另一套診斷，就能讓妳給人的印象大翻轉！……026

Lesson
2

利用骨架診斷＋五官診斷 任何人都能立刻修飾身材！

① 光是使用「骨架診斷」就能使妳的氛圍大幅改善！……032
— 骨架診斷 妳是屬於哪種類型？……034
— 直筒型 各類型的特徵與穿衣重點……036
— 波浪型 各類型的特徵與穿衣重點……038
— 自然型 各類型的特徵與穿衣重點……040
— 依骨架分類 適合的服裝穿搭……042

② 「升級五官診斷」用七個問題了解自己的五官類型……045
— 問題１ 比例診斷 妳的五官類型是娃娃臉？還是成人臉？……050
— 問題２ 局部診斷 妳的五官氛圍是柔和？還是有型？……051

③ 須事先知道的診斷結果與例外……054

Lesson 3

如何找出適合自己的「真命服裝」

① 挑選出能襯托身材和五官的「眞命服裝」的七項確認重點……058

② 絕不失敗的上身衣著挑選法……060

③ 讓妳展現個人魅力的下身衣著挑選法……065

偶像型的特徵與穿衣重點……068

● 適合的打扮與顏色……069

— 五官診斷×骨架診斷 偶像×直筒型……072

— 五官診斷×骨架診斷 偶像×波浪型……078

— 五官診斷×骨架診斷 偶像×自然型……084

男孩型的特徵與穿衣重點……090
●適合的打扮與顏色……091
━五官診斷×骨架診斷 男孩×直筒型……094
━五官診斷×骨架診斷 男孩×波浪型……100
━五官診斷×骨架診斷 男孩×自然型……106
優雅型的特徵與穿衣重點……112
●適合的打扮與顏色……113
━五官診斷×骨架診斷 優雅×直筒型……116
━五官診斷×骨架診斷 優雅×波浪型……122
━五官診斷×骨架診斷 優雅×自然型……128
寶塚型的特徵與穿衣重點……134
●適合的打扮與顏色……135

—五官診斷×骨架診斷 寶塚×直筒型……138
—五官診斷×骨架診斷 寶塚×波浪型……144
—五官診斷×骨架診斷 寶塚×自然型……150
●五官診斷×骨架診斷 一目了然！挑選服裝的七個重點……156

Lesson 4

不試穿也能找到絕配的服裝！購買時需要掌握的重點

① 一週必穿一次以上的「基準服」是打扮上的重點……164
② 如何挑選可輪流穿搭的「基準服」……166
③ 測量基準服的尺寸就能找到適合自己的衣服……169

④特價活動是遇到高品質「基準服」的絕佳時機……172
⑤不再後悔！防止衝動購買的三項重點……175
⑥時尚美人的「衣服」購買術……180
⑦穿出時尚感的「三色」原則……183
⑧看起來更高、顯瘦的穿搭——二色法則……189
⑨要讓腳看起來修長，就要選擇米色鞋子……192
後記——一定有一套衣服是專門爲妳而存在的！……194
書末附錄〔升級五官診斷表單〕（另附可裁切使用的「色卡」和「診斷尺」）……197

不試穿也能找到
適合自己的衣服！

Lesson 1

懂得打扮的女人，
知道什麼適合自己。

Fashionable Woman Knows
What kind of Clothes makes me Shine

我總是會在講座中告訴我的學員們，對自己的品味愈有自信的人，愈不用在店裡試穿。

因爲只要知道什麼樣的衣服適合自己，就不用靠試穿來挑選，也不會對該不該買猶豫不決。

但一個人若是還沒搞清楚什麼是「適合自己的單品」，那麼當他們試穿時，就會被旁人的意見左右，結果沒想清楚就出手買了。

妳是否也有以下的經驗？

聽到店員天花亂墜地說：

「穿在您身上很好看吔！」

「這個款式設計很可愛吧，跟您的氣質好搭喔！」

剛開始妳還會半信半疑，但聽久了又好像確有其事，不知不覺就拿著衣服去結帳了。然後回到家中再次試穿時，才感覺到「怎麼跟我之前想像的不太一樣……」，結果，原本開心的心情消失殆盡，反而還失望地想說：「眞不應該買的，我怎麼這麼沒有挑衣服的品味。」

這樣下去，妳永遠都無法對自己的品味感到自信，每天早上還得花上許多時間挑選該穿什麼衣服。

另外，苦於「找不到適合的衣服」的人，則是以直覺選衣服，但每當自己覺得「這件衣服應該很適合」「這個款式設計我好喜歡」時，多半都會挑錯。

如果妳也處在如同前述的狀態，那麼我更建議妳，使用由本書介紹的五官診斷、骨架診斷所建構出的「升級法則」來挑選衣服。

遵循「升級法則」，就能明確知道什麼衣服適合自己。如此一來，既不會被身旁的意見牽著鼻子走，也不會再因買到不適合的衣服而失望。

妳將能充滿自信地挑到適合自己的衣服，穿出自己的迷人風采。

不僅如此，妳甚至不用試穿，就能「瞬間」找出適合自己的衣服。從此不必再逛遍大小服飾店，不必在賣場裡逛了一圈又一圈，還是不知道哪件衣服適合自己，結果逛得疲憊不堪，卻一件衣服也沒買到……因此，妳也將能大大節省購物時間。

愈是覺得自己是「時尚難民」的人，愈該透過這本書，學會如何不試穿就能挑選出「適合的服裝」。

① 別被店員的甜言蜜語沖昏頭！

「明明有的是衣服，卻沒有一件可穿」，應該有不少人有這樣的煩惱。

爲何會如此呢？

其中一項原因是，因爲穿著時尚的店員對自己展開甜言蜜語攻勢，結果禁不住誘惑而買下了難以和其他衣服搭配的服裝。爲了讓大家不再落入這樣的陷阱，這裡就要稍微來聊聊，我在成衣製造商工作時得知的服飾界內幕。

成衣時尚圈中，每一季都會有他們「想賣的衣服」。愈是想賣的衣服，就會生產愈多，想當然耳，不賣掉的話，商品就會變成滯銷的庫存。因此，店員也會拚了老命地推銷這些衣服。

對於這些重點推銷的商品，他們會設法使其在雜誌上曝光，或展示在店面的櫥窗中，讓這些商品更容易映入消費者眼簾。當妳去買衣服時，店員就會用推銷話術說：「這件衣服很受歡迎，雜誌上也有介紹過喔。」但實際上，背後因果邏輯卻是相反的。

因此，如果妳相信了這樣的推銷話術，說得難聽一點，就是中了成衣時尚圈的詭計。

我並不是要說那些商品不好，而是如果妳無法冷靜判斷一件衣服是否適合自己，那麼妳就只會不斷買進相同的衣服。這麼一來，自然會深陷「明明有的是衣服，卻沒有一件可穿」的窘境，無可自拔。

我在成衣製造商工作時，曾對一件事感到十分驚訝。那就是白、黑、灰、米色等的基本色，從一開始就會做出相當數量的商品，鮮豔而難賣的顏色則生產數量較少。這點到現在都沒有改變過，因爲基本色的商品才是最好賣的。

「基本的顏色比較好搭配，帶一件回去的話很方便唷。」是否曾有店員這樣向妳建議過呢？

這樣的說法當然沒有錯，如果是基準服（譯註：本書164頁起將會介紹何謂基準服）的話，當然是以基本色爲貴。但將成衣生產的現狀也考慮進去的話，那麼當妳爲一件單品感到猶豫不決時，若該單品是基本色，就更沒有必要急著購買。與其貿然購買，不如先好好建立起判斷基準，了解什麼衣服適合自己，經過仔細思考後再購買。

「對我來說，何種款式設計的衣服，才能修飾我的身材比例？」

「能夠襯托我的五官的衣服有什麼樣的特徵？」

先弄清楚這些問題後，就不會被店員的甜言蜜語迷惑，而能一眼判斷出一件衣服是否適合自己。如此一來，妳就能揮別「明明有的是衣服，卻沒有一件可穿」的煩惱了。

那麼，如何才能一眼判斷出一件衣服是否適合自己，而不被店員的甜言蜜語迷惑呢？

穿衣打扮不在於了解潮流，
而在於了解自己的「五官」類型。

It's Important to know
Your Facial Impression

其中一個方法就是「了解妳的五官氛圍」。透過了解五官氛圍，可以讓妳更快、更確實地遇見適合妳的衣服。

坊間介紹的挑衣服的訣竅琳瑯滿目，像是「選擇能讓膚質看起來更好的衣服顏色」「能修飾身材的挑衣服方式」「能讓自己看起來更和善的挑衣服方式」等等。

然而，妳若是無論用哪種方法，都覺得「穿起來不太對」的話，那就有可能是因爲那件衣服不符合妳的「五官」氛圍。

當我們見到一個人時，首先一定會看對方的五官。據說，接著我們會根據五官的氛圍，本能地判斷兩件事。

一是「性別」。

我們會根據五官的氛圍，判斷對方是男生樣還是女生樣。這是動物本能式的反應。

二是「年齡」。

與一個人初次見面時，我們往往會下意識地從對方的外貌來判斷「這個人好像比我年長吧」或「好像比我年輕唷」。

自己的五官輪廓是有稜有角的男性氛圍比較強，還是線條圓滑的女性氛圍比較強？是比實際年齡看起來更成熟，還是比實際年齡看起來更年輕？

只要掌握五官的氛圍與年齡，就自然能讓妳找到適合自己的單品。

比方說，五官輪廓給人的印象是有稜有角又成熟的人，如果穿上輕盈飄逸的罩衫，再搭配上迷你裙的話，會給人什麼感覺？應該會令人感到很不搭調吧？

但同一個人如果穿著一身乾淨俐落的男用襯衫的話，說不定就會讓人大大改觀，甚至覺得：好帥！好迷人！

令人覺得「好迷人」「好會穿衣服」的女性，通常都是在不知不覺中，學會了什麼才是適合自己五官氛圍的穿衣風格。

看到這裡，或許有人會想問：「那輪廓有稜有角的話，就算很喜歡女性化的襯衫，但也不能穿嗎？」相信一定有人是不管自己五官氛圍如何，都還是想穿自己喜歡的衣服。

關於這點，各位大可放心。

只要知道什麼樣的衣服符合五官氛圍，就能儘量朝著「適合自己的穿著」的方向打扮，也就是能透過一些改變，輕易地讓現在穿的衣服愈來愈適合自己。

既然生而爲女人，我們當然也想要打扮成「自己喜歡的樣子」。

了解自己五官氛圍適合的衣服，並不代表從此就不能穿自己喜歡的衣服了。

首先，要釐清適合自己的穿著，然後在挑選自己喜歡的款式時，儘量朝「適合自己的穿著」的方向去配合。

②

人氣的骨架診斷再加上另一套診斷，就能讓妳給人的印象大翻轉！

「骨架診斷好像沒那麼好用……」這幾年，我在為別人提出穿著建議時，經常聽到客人這麼說。

骨架診斷是透過骨架的特徵與肌肉的分布方式，推論出適合當事人的打扮。它將人分成了幾種類型，十分簡單明瞭，是十分出色的理論。

上台簡報、婚喪喜慶，或參加孩子的學校活動等等大量露出全身的場合，若利用這個診斷選擇衣服，就能讓身材看起來更好。

然而，即使知道怎麼透過骨架診斷找到適合的衣服，還是覺得哪裡怪怪的……有這種感覺的人可說是比比皆是。

為什麼有這種現象呢？

這是因為骨架診斷中缺少了「五官」的資訊，但五官卻是大大影響給人的印象的身體部分。

前一節中也有提到，我們在與他人見面時，第一眼看的就是「五官」。我們透過五官的氛圍，想像對方的年齡、性格，進而將這種觀感烙印在心中。甚至有些人說「一個人的整體印象九成來自臉部五官」。

如果妳穿了和五官氛圍不搭的衣服，會給對方什麼感覺呢？想必無論妳穿得再怎麼美、再怎麼有設計感，都會讓人感到哪裡不太對勁吧。

要找到真正適合自己的「真命服裝」，不能只靠骨架診斷，還要搭配上「五官診斷」（「升級五官診斷」），了解妳的五官給人什麼樣的印象。

當我們把五官（五官診斷）與身材（骨架診斷）結合起來時，才能找出既能襯托身材又能烘托五官的「真命服裝」。

知道什麼是最適合自己的「眞命服裝」後，不但能讓我們的身材看起來更好，還能知道什麼是「能襯托自己五官的衣服」，進而擺脫那種「哪裡不太對勁」的印象。

於是，妳的五官看起來也會更年輕，整個人也散發著個人魅力。此外，因爲妳懂得分辨哪些服裝適合、哪些服裝不適合自己，所以妳的衣櫃也將能去蕪存菁，變得精實。

而且妳還能分辨「修飾身材的服裝」「給人好印象的服裝」等的差異，因此可以迅速挑選出符合當天心情或場合的穿搭。

無論是想要帶給人專業印象的商務場合，還是要參加盛大的派對，都將能快速搞定！

而且，擁有少少的單品，就能創造出各式各樣不同穿搭，被朋友、同事誇讚漂亮的機會一定也會隨之增加。從此打扮得漂漂亮亮地出門，不再是苦差事。

從下一章起，我將會介紹能讓妳變身時尚達人的「升級五官診斷」和「骨架診斷」。

將五官和身材的診斷相乘，就能輕易地找出最適合妳的衣服。

而且只有七處需要確認！
即使是自認不擅長打扮的人，一定也能從中得到啓發。
那就趕快進入課程，讓我們一起找出大家的「眞命服裝」吧！

利用骨架診斷＋五官診斷
任何人都能立刻修飾身材！

Lesson 2

①

光是使用「骨架診斷」就能使妳的氛圍大幅改善！

讓我們先從妳的「骨架」類型開始，找出能修飾身材的服裝。

正如26頁所提到的，骨架診斷是透過骨架的特徵與肌肉的分布方式，將人的骨架加以分類。共分爲以下三種類型：

1 直筒型

2 波浪型

3 自然型

有人高，有人矮，有人瘦，有人胖，每個人都有自己不同的身體特徵。但單憑這些特徵來挑選衣服，往往會失敗。

這是因爲同樣是瘦的人，也會因爲骨架的不同，而使肌肉及脂肪產生不同的分布方式及質感。

若能根據骨架診斷來挑選符合自己的肌肉及脂肪特徵的材質、款式設計與衣服長短，即使穿的是相同顏色的衣服，也能讓自己的身材瞬間變得更好看。

那麼，現在就趕快來確認妳的「骨架類型」吧！

只要根據直覺來選擇自己屬於哪種類型即可。

請在符合的項目上打勾。
打勾最多的就是妳的骨架類型。

骨架診斷

妳是屬於
哪種類型？

Straight

直筒型

- □手掌厚，相對於身高，手腳掌的大小偏小。
- □脖子短。
- □幾乎看不見鎖骨。
- □上圍較豐滿，穿衣容易顯胖。
- □大腿偏粗，對於露腿的服裝有排斥感。
- □臀圍豐滿，希望能讓臀部看起來較小。

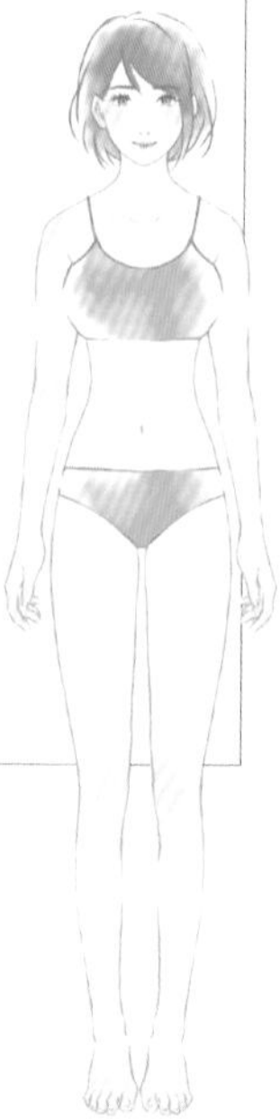

Wave 波浪型

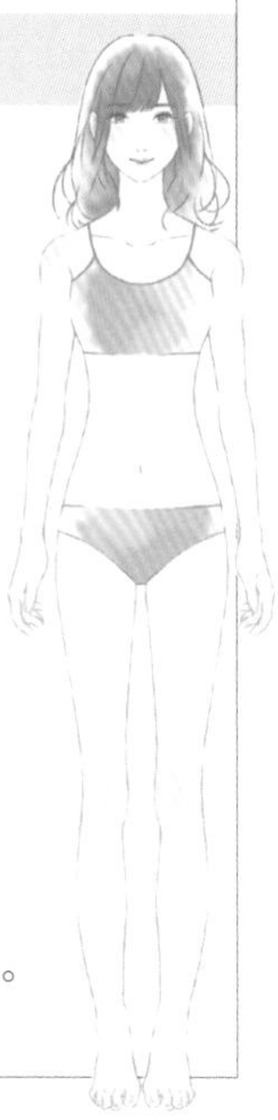

☐ 手掌薄，手指細瘦。

☐ 脖子長，穿著露出胸口的服裝，會顯得單薄。

☐ 鎖骨明顯。

☐ 整體上體型纖細，有胸部小的煩惱。

☐ 一穿長褲時，就顯得臀部無肉。

☐ 腿經常被誇讚細長，對於露腿的服裝沒有排斥感。

Natural 自然型

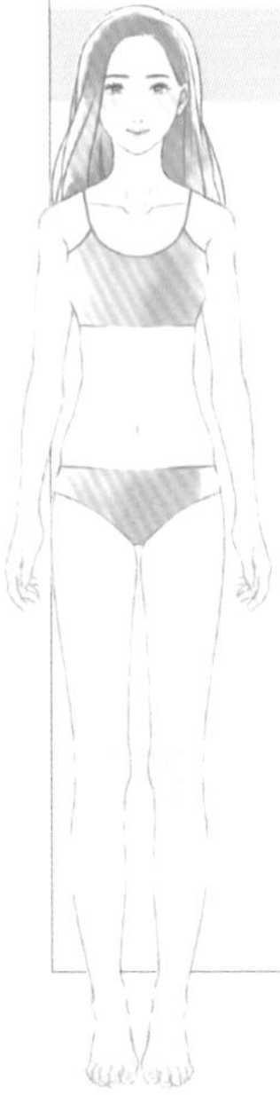

☐ 脖子粗而美人筋明顯。

☐ 相對於身高，手腳掌的大小偏大。

☐ 鎖骨十分突出，或者經常被說骨架大。

☐ 比起一板一眼而正式的服裝，更能駕馭寬鬆而休閒的打扮。

☐ 因為自己手腳的骨頭和關節明顯，而給人硬邦邦的印象。

直筒型

各類型的特徵與穿衣重點

Straight

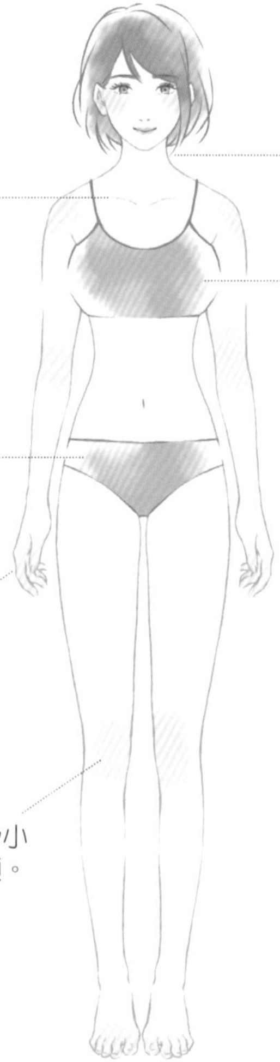

脖子較短。
鎖骨
不明顯。
上圍豐滿，
乳尖點高。
臀部
大而豐滿。
腕部尺骨莖
突頭較小，
手指關節不明顯。
膝蓋骨小
而不明顯。

characteristic

特徵

胸、腰、臀的曲線玲瓏有致，身體線條很有女人味的女性。體質上，多半容易長肌肉，也容易長脂肪。

dress

穿衣重點

因為身體本身就很有存在感，建議選擇簡單而基本的穿搭。不妨以強調縱直線的I字剪裁，營造出修長的身形。
打扮上，適合具有高級感而合身帥氣的單品。即使穿上基本款的單品，也不會太過樸素，反而能帶給人優雅脫俗的印象。

material

適合材質

建議選擇棉質、喀什米爾、羊毛、丹寧、絲質、植鞣革（滑革）等材質且較為硬挺的布料。最好避免平織布（運動服使用的布料）那類柔軟的材質或雪紡紗等具有透明感的布料。尤其蓬鬆的雪紡紗，在視覺上有擴大身體曲線的效果。平織布材質則是容易貼合身體曲線，使肌肉或脂肪一覽無遺，而造成身體看起來過於臃腫。因此最好能避免平織布材質的服裝。

波浪型

各類型的特徵與穿衣重點

Wave

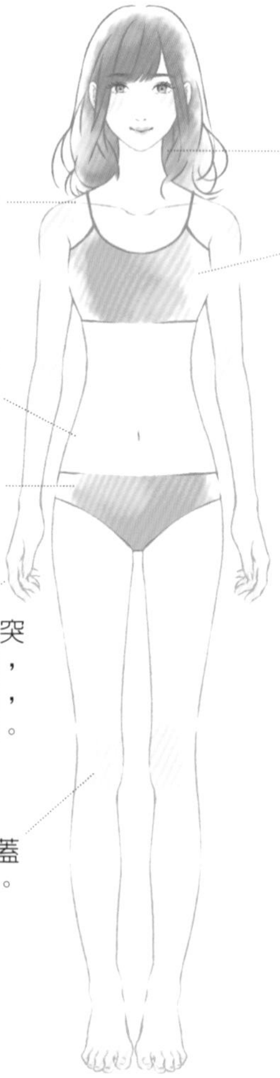
脖子較長。
鎖骨
明顯。
胸部呈鐘型，
缺乏厚度，
乳尖點偏低。
腰的位置
偏低。
臀部曲線
平坦。
腕部尺骨莖突
大小普通，
手掌薄，
關節不明顯。
膝蓋
突出。

characteristic

特徵

身體厚度薄，屬於細瘦的體型。體質上，多半不易長肌肉，但容易囤積皮下脂肪。這種類型給人纖細的印象，十分適合女性化和可愛路線的單品，以及強調曲線的衣服（緊貼身體的材質）等。

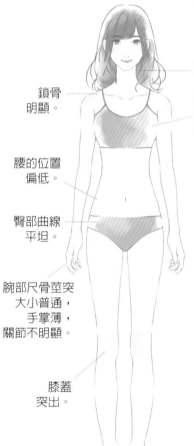

dress

穿衣重點

適合以蓬鬆的衣衫搭配上波浪圓裙，或高腰的剪裁。最好選擇衣服本身具有設計感、具有存在感的單品。最好避免露出胸口的單品。

material

適合材質

能駕馭雪紡紗、馬海毛、平織布、亮面漆皮、粗花呢等柔軟材質或不同材質的組合。
相對地，不容易駕馭丹寧或皮革等材質。棉質等材質應選擇質地較為柔軟的，避免硬挺的布料。因為纖瘦的體型若穿上具有分量感的材質，整體上就會有一種過於單薄的氛圍。

自然型

各類型的特徵與穿衣重點

Natural

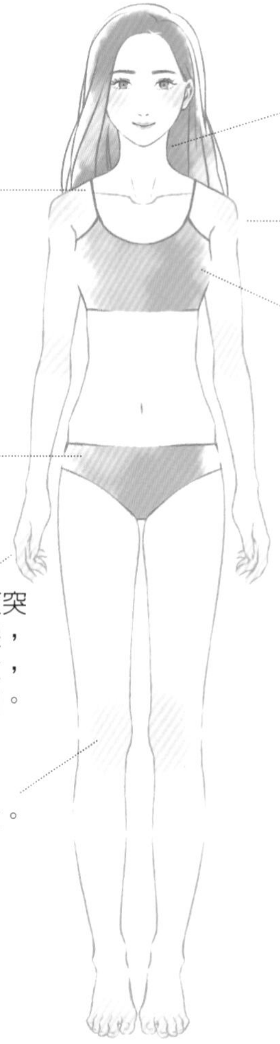
脖子長短因人而異，
美人筋醒目。
鎖骨
粗大。
背部的肩胛骨大而突出，
十分醒目。
胸部雖然有厚度，
但到乳尖點這段
大多呈直線。
骨盆較平坦
且具有厚度。
腕部尺骨莖突
大而顯眼，
手掌大，
關節醒目。
膝蓋骨大。

characteristic

特　徵

這個體型的骨架與關節，比肌肉與脂肪更為醒目。許多人都不容易長肌肉或脂肪。

dress

穿衣重點

十分適合率性垂掛的穿著。穿大一號的衣服也不會顯得邋遢，反而十分帥氣。適合走隨興、自然、休閒的風格。

material

適合材質

建議選擇水洗棉、亞麻、麻等天然材質，或燈芯絨、丹寧、鹿皮等布料。另一方面，最好能避開網狀的針織衫或雪紡紗等材質，因為這類材質會貼合身體，而更加突顯骨架。

依骨架分類

適合的服裝穿搭

直筒型

Straight

以 I 字剪裁的款式設計
穿搭出顯瘦好身材

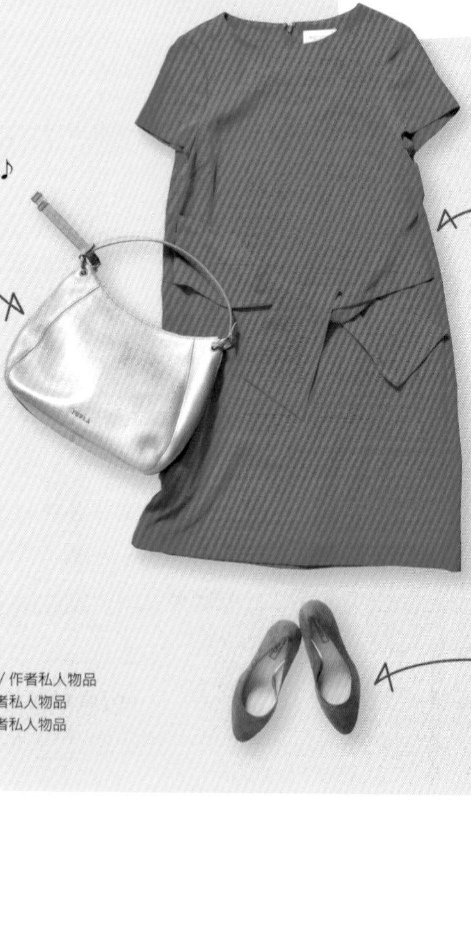

選擇大而有
厚度的包包♪

簡單的款式設計。
不需要只在款式設計上變化，也可利用顏色、圖案來吸引目光。

鞋子可選擇樸素、裝飾較少的款式。建議選非亮面的材質！

連身洋裝／作者私人物品
包包／作者私人物品
鞋子／作者私人物品

波浪型 Wave

以飄逸而華麗的風格
穿搭出迷人風采

柔軟的
材質

選用較小且較
薄的肩背包

連身洋裝 / Debut de Fiore
開襟外套 / Debut de Fiore
包包 / DIANA（DIANA銀座店）
鞋子 / DIANA（DIANA銀座店）

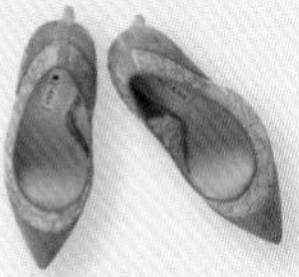

選擇亮面
漆皮材質的淺口鞋或
芭蕾舞鞋也可以。

有緞帶、扣帶
或蕾絲等裝飾的款式。

用天然材質
展現自然感。
選擇較大
而寬鬆的上衣！

選擇帶有休閒感的包
包，例如有流蘇或毛邊
的包包。

連身洋裝 / 作者私人物品
外套 / 作者私人物品
包包 / DIANA
（DIANA銀座店）
鞋子 / DIANA
（DIANA銀座店）

自然型 Natural

以率性垂掛的打扮
穿搭出個人風格

搭配休閒而又不
會過於成熟的或
樂福鞋之類的！

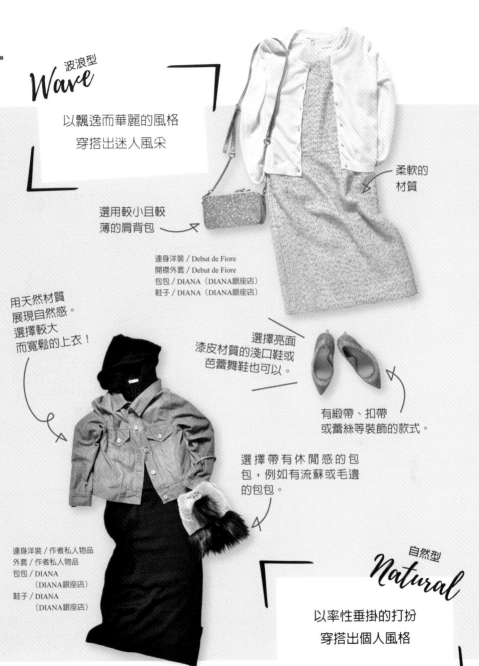

有人說妳成熟，
又有人說妳可愛，
爲何妳給人的印象總會因對象而異？

Why does your impression change?

② 「升級五官診斷」用七個問題了解自己的五官類型

知道骨架類型後，接下來就要進行「五官診斷」，妳給人的印象正是取決於妳的五官。五官診斷分成「比例診斷」與「局部診斷」兩種。前者是決定臉部給人的「印象」是成人臉還是娃娃臉等；後者看的是眼、鼻等五官「局部」的形態。

一個人乍看之下給人的印象，往往是來自五官的位置分配，而非五官各自的氛圍。這在五官診斷中稱爲「比例診斷」。

比方說，即使眼睛、嘴巴等的五官，各自都給人很可愛的印象，卻可能因爲這些五官的位置分配與比例，而在整體上給人成熟大人的感覺。

五官診斷中，每個類型我都會根據臉孔的傾向，取一個簡單明瞭的名稱，這是爲了讓大家在選擇服裝時更容易想像。偶像型和男孩型是屬於「娃娃臉」，優雅型和寶塚型則是屬於「成人臉」。

另外，偶像型和優雅型是屬於「女性臉」，男孩型和寶塚型則是屬於「男性臉」。

如果有些人說妳「成熟」，有些人說妳「娃娃臉」，周圍的說法十分分歧的話，往往是因爲妳局部的氛圍和整體比例的氛圍並不一致。

比方說，假如局部診斷是男孩型，比例診斷卻是成人臉的話，那這個人就可能同時擁有男孩型和寶塚型兩邊的要素。

因爲這樣的人一方面給人活潑朝氣的印象，另一方面又會散發成熟穩重的氛圍。

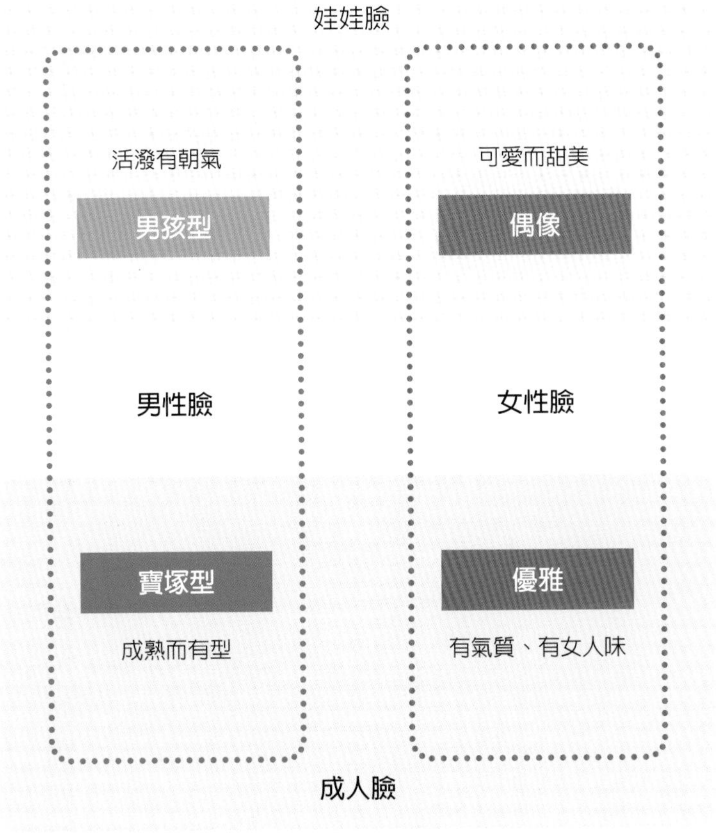

同時屬於不止一種類型的人，
給人的印象很可能會因對象而異！

原本的五官診斷會如下一頁的圖示，先實際測量各個局部，並根據測量出的數值，判斷是屬於成人臉，還是娃娃臉，以及屬於有型的男性臉，還是形象柔和的女性臉。

不過，這裡就簡單用兩個問題來說明判斷方式。

若想要更精準地測量，請使用書末附錄中的「升級五官診斷表單」所提供的診斷尺，那是專為本書而改良設計出的簡單測試方法。

五官診斷所觀察的兩個重點如下：

第一印象看起來比實際年齡成熟？還是比實際年齡年輕？→比例診斷

看起來的形象比較有型？還是比較柔和？→局部診斷

那麼，從50頁起，我們就要來看看妳是屬於哪種類型。

5 points of Face Diagnosis

五官診斷的五個重點

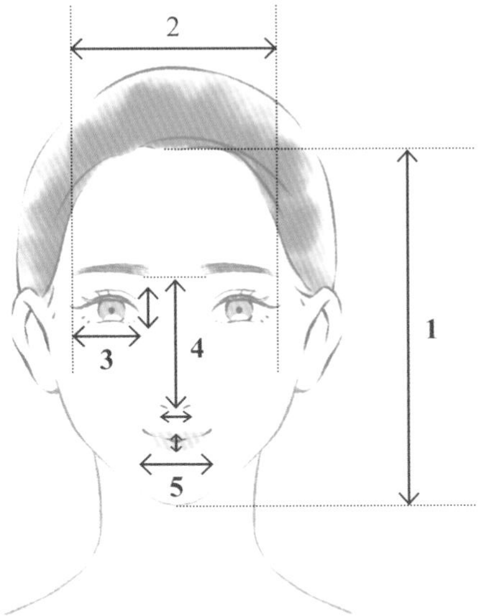

1 臉的縱長⋯⋯⋯⋯從髮際線到下巴尖端的距離

2 臉的橫寬⋯⋯⋯⋯左右臉顴骨最高位置的距離

3 眼睛的橫寬／縱長⋯⋯從眼頭到眼尾的距離／單眼皮是從上眼睫毛根部，雙眼皮、內雙眼皮是從雙眼皮上層的線，到下眼睫毛根部的距離

4 鼻子的橫寬／縱長⋯⋯左右鼻孔外側的距離／從左右眉頭下緣連成一線的中央點到鼻尖的距離

5 嘴巴的橫寬／縱長⋯⋯左右嘴角的距離／上唇中央至下唇中央的距離

請透過書末附錄的〈升級五官診斷尺〉，
測量看看妳是哪種類型吧！

balance

妳的五官類型是娃娃臉？還是成人臉？

問題 1

比例診斷

五官給人的印象大致由以下兩個部分的長度決定。

1 從髮際線到左右黑眼珠的中央

2 左右黑眼珠的中央到上唇與下唇之間

1和2的距離何者較長？

1較長	2較長	相同
↓	↓	↓
娃娃臉比例	成人臉比例	中間比例

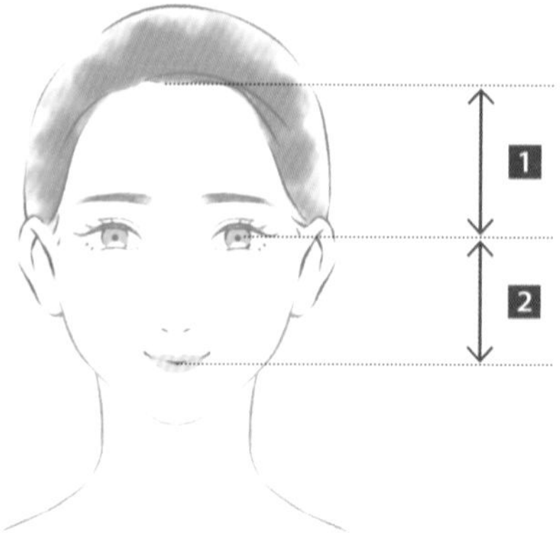

parts

【妳的五官氛圍是柔和？還是有型？】

問題 2

局部診斷

妳給人的印象是有型還是柔和，在五官的各個局部中，又特別容易受到輪廓、眼睛、鼻子、嘴巴所左右。五官各個局部給人的印象，取決於各個局部的縱向長度和橫向寬度。眼睛和嘴巴的縱向長度，是指其渾圓度及厚度。

眼部如果縱向長度較長，就會變成渾圓的杏眼，嘴部如果縱向長度較長，就會變成性感的厚唇，而帶給人富有女人味的印象。相對地，眼部或嘴部的縱向長度短而薄的話，就會給人比較有稜有角的氛圍。

另外，眼部和嘴部的長度，也是判斷娃娃臉或成人臉的一大重點。橫寬較長的人，會給人成人臉的印象；反之，橫寬較短的話，就會給人娃娃臉的印象。

輪廓與鼻子的橫向寬度，是判斷女性臉或男性臉的標準。因為橫寬較寬的話，輪廓和鼻子就會變得比較圓。

另一方面，其縱向長度則是判斷娃娃臉或成人臉的標準。縱向長度較長的話，這個部分看起來就會比較大，而帶給人更多成熟感。

實際情形請根據下一頁的圖表來確認。

娃娃臉

偶像型

☐ 1 [輪廓]
圓臉

☐ 2 [鼻子]
小而圓

☐ 3 [眼睛]
渾圓而有雙眼皮，寬度較窄

☐ 4 [嘴巴]
櫻桃小嘴，嘴唇有厚度但嘴巴較小

Idol

女性臉

Elegant

☐ 1 [輪廓]
長臉

☐ 2 [鼻子]
圓而大

☐ 3 [眼睛]
渾圓而有雙眼皮，寬度較寬

☐ 4 [嘴巴]
嘴唇有厚度而嘴巴較大

優雅型

成人臉

圖表中打了最多勾的類型，
就是妳的類型。

妳的局部診斷是＿＿＿＿＿＿＿＿型。

男孩型

☐ 1 [輪廓]
逆三角形
下巴尖而小

☐ 2 [鼻子]
鼻梁筆直但不高挺

☐ 3 [眼睛]
單眼皮或內雙眼皮的小眼

☐ 4 [嘴巴]
唇薄而嘴小

Boyish

男性臉

Takarazuka

☐ 1 [輪廓]
國字臉
臉長且下巴的輪廓線分明

☐ 2 [鼻子]
鼻子大而鼻梁筆直

☐ 3 [眼睛]
單眼皮或內雙眼皮的大眼

☐ 4 [嘴巴]
唇薄而嘴大

寶塚型

書末附錄也會介紹詳細的診斷方式。
若兩個以上的類型得到相同數目的勾，而無法判斷結果的人，請使用書末附錄的〈升級五官診斷尺〉，以做出更詳細的診斷。

③ 須事先知道的診斷結果與例外

檢查過自己的五官後，知道自己的類型了嗎？

「我以為我是成人臉，結果竟然是娃娃臉！」或許有些人得到的結果是出乎自己意料的。

如果做了問題1（50頁）的比例診斷後，得到的結果是「娃娃臉」比例，就立刻以為自己很適合年輕人的服裝，而輕率地挑戰比自己小十歲的年輕族群所流行的單品，那可就操之過急了。

此外，做了問題2（52頁）的局部診斷後，得到的結果是男孩型或寶塚型的「男性臉」的話，如果穿上迷你裙或有花卉圖案的女性化單品，就會使五官的印象與服裝的形象產生牴觸，甚至因此帶給人「比年齡老成」的印象。

無論是比例診斷或局部診斷，只靠單方面的診斷，其實都無法得知妳的五官本身眞正帶給人的印象。因此，我們要將比例診斷的結果與局部診斷的結果相乘，藉以找出什麼樣的單品更能襯托妳的五官。

再者，我相信一定也有人是兩個類型得到相同的打勾數。因爲眼部給人的印象最爲深刻，所以此時，請選擇在眼部問題中有打勾的那個類型。

比方說，偶像型和男孩型獲得相同的打勾數，但關於眼部的問題是在偶像型中打勾的話，那就請選擇「偶像型」。

知道了50頁的比例診斷的結果，以及透過52頁的圖表所得出的局部診斷的結果後，接著就可以根據下一頁的表格，找到屬於妳的五官診斷。

比例診斷	局部診斷	五官類型
娃娃臉	偶像型	偶像型
娃娃臉	男孩型	男孩型
娃娃臉	優雅型	偶像型
娃娃臉	寶塚型	男孩型
中　間	偶像型	偶像型
中　間	男孩型	男孩型
中　間	優雅型	優雅型
中　間	寶塚型	寶塚型
成人臉	偶像型	優雅型
成人臉	男孩型	寶塚型
成人臉	優雅型	優雅型
成人臉	寶塚型	寶塚型

妳的比例診斷	比例
妳的局部診斷	型
妳的五官類型	型

如何找出適合自己的「眞命服裝」

Lesson 3

①

挑選出能襯托身材和五官的「眞命服裝」的七項確認重點

當妳了解自己的五官類型後，我就可以開始更具體地介紹如何挑選出合適服裝的重點。

選擇「適合自己的衣服」時，有以下兩大重點：

1 「衣寬」

2 「衣長」

若妳是屬於男孩型、寶塚型的男性臉，就適合比較寬鬆的服裝；若屬於偶像型或優雅型的女性臉，就適合穿符合身體線條的合身服裝。關於第二項「衣長」，若屬於寶塚型或優雅型的成人臉，那麼無論上身或下身，都適合長度較長的衣著；若屬於偶像型或男孩型的娃娃臉，則適合長度較短的衣著。

接著，要根據不同場合，挑選出最佳服裝時，有一個重點，那就是要先在腦中想像出想要給對方何種印象，再開始挑選服裝。比方說，在聚餐、商談或正式面談等場合，被看到最多的是上半身，這時就要優先挑選適合五官類型的單品，才能給予對方好印象；若是被看到全身較多的場合，則要優先挑選適合骨架類型的單品，才能展現出更好的身材。

像這樣根據不同場合挑選服裝，妳就能給予對方理想的印象。

再者，挑選修飾身材的服裝時，只要依照七項確認重點挑選，就會易如反掌。這七項確認重點分別是上身的四個地方，以及下身的三個地方，我將會從下一頁開始介紹。

②

絕不失敗的上身衣著挑選法

上身衣著距離五官近，是重要的單品。穿著最適合自己的上身服裝，能大幅改變妳給人的印象。挑選上身衣著時，有四項重點需要確認。

這四個重點如圖所示，分別爲領口線（頸圍）、袖根縫合位置、衣寬、衣長。只要確認這幾處是否適合自己的五官與身材，就能簡單地挑選出合乎場合的服裝。

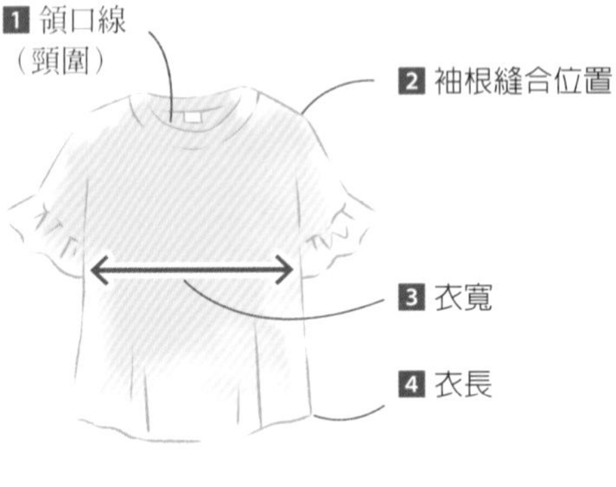

關鍵
01

領口線（頸圍）

領口線要確認是否會露出鎖骨。

爲何要確認領口線呢？這是因爲衣服會根據領口的開闔程度，決定帶給人什麼樣的印象。

比方說，胸口大開的服裝會帶給人性感的印象，領口緊束的服裝則會帶給人稚氣感。不同的五官印象，適合的領口開闔程度也不同，不過除此之外還有其他原因。其中一項原因是，五官診斷結果是屬於優雅型或寶塚型的成人臉的話，則這個人的五官分開來看都很搶眼，因此若穿著領口緊束的衣服，就會讓每個五官看起來更大，於是臉部印象反而會變得浮誇，整張臉看起來也更大。

反之，屬於偶像型或男孩型的娃娃臉的話，若穿著領口大開的衣服，就會增加臉部附近肉色部分的空間，於是五官看起來更小，而帶給人不起眼的印象，這樣只會徒增單薄感而已。

此外，在挑選能修飾身材的服裝時，領口的開闔也是一項重點。請回想一下34～35頁所做的骨架診斷，妳是屬於哪種類型。

直筒型的人若穿著領口緊束的服裝，因為胸口包裹感重，所以會造成顯胖的效果。另一方面，波浪型的人胸部不豐滿、脖子修長，如果穿著領口大開的服裝，則會帶給人過於單薄的印象。

重要的是，我們要選擇既符合五官形象又合乎身材的服裝。挑選時，必須將兩者的特徵相乘。

比方說，屬於偶像×直筒型的人，根據五官形象（偶像型）應選擇「領口線位在能隱藏鎖骨之處」，但適合直筒型的領口線卻是「開口較大」，兩者正好相反。遇到這種情況，就要設定在基準點的位置。以領口線而言，其基準點為「鎖骨」，因此要設定在這個基準點的位置上，也就是說，領口線最好能位在與鎖骨相同之處。

關鍵
02

袖根縫合位置

挑選合適的衣服時，第二項重點就在於袖根縫合位置。

不同的袖根縫合位置會帶給人不同的印象。

袖根縫合位置超出自己肩膀的衣服（像是被稱為土耳其袖〔Dolman sleeve〕的肩

部較垂落的版型等），衣寬較寬，帶給人寬敞放鬆的印象。袖根縫合位置較內側的衣服，因爲會合身地貼合身體曲線，所以更帶有女人味。

關鍵03 衣寬

請以自己的肩膀爲基準點，確認衣服的橫寬（衣寬）是愈靠近下襬愈寬鬆，還是愈束緊。

提供一個參考資訊，男性的襯衫爲了不與身體太過貼合，因此多數都將衣寬設計爲與肩線寬度相同。

電視藝人或視覺系樂團的團員，若想給人中性的印象，就會刻意選擇袖根縫合位置比自己的肩膀更內側、同時衣寬與肩線同寬的衣服，以製造出中性印象。

由此可知，確認袖根縫合位置與衣寬，在選擇合適的服裝上，是十分關鍵的重點。

關鍵04

衣長

挑選適合自己的上身衣著，最後一項重點是「衣長」。

衣長是衣服的縱向長度，它與領口線一樣，長相屬於娃娃臉的人和屬於成人臉的人，各有不同的適合長度。再者，想要修飾身材時，適合穿著的長度，也會根據骨架類型而有所不同。

我們可以將衣長看成是，以腰骨的位置為基準。

後面將從68頁開始介紹，如何根據這幾項重點挑選出各類型適合的具體單品。

③ 讓妳展現個人魅力的下身衣著挑選法

接下來要介紹的是，挑選下身衣著時的三項重點。

關鍵01 腰圍

首先要確認的是，腰圍的腰頭襯下方的部分。當這個部分有縫製碎褶（譯註：Gather，荷葉邊的縮縫方式）、活褶（譯註：Tuck，將多出來的布寬打一個褶子的縮縫方式，常出現在西裝褲上）或褶襉（譯註：Pleat，褶子的總稱）時，裙子或褲子的輪廓就會改變。若有大量的碎褶、活褶或褶襉，會使裙子或褲子產生分量感；若完全沒有任何褶子，則會變成

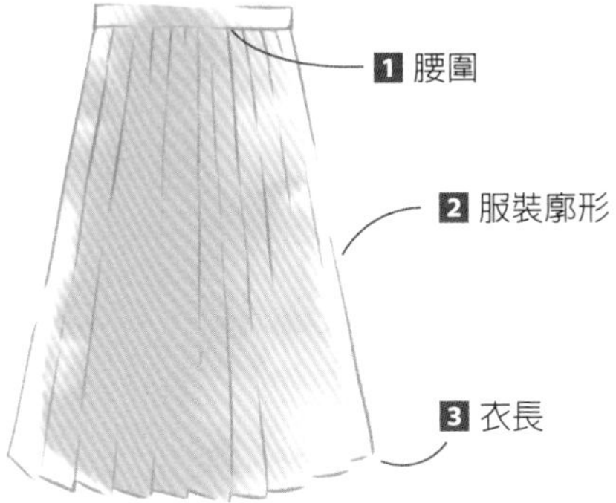

一直線的廓形。

關鍵02

服裝廓形

下身衣著的第二項確認重點是「服裝廓形」。也就是要確認裙子或長褲屬於何種服裝廓形。以下是幾種代表性的服裝廓形。

A字形……從腰部到衣襬逐漸擴大的剪裁。

Y字形……長褲等的下身衣著，愈靠近衣襬愈細瘦的剪裁。

I字形……從腰圍到衣襬呈一直線，不會向外擴大的剪裁。

X字形……強調腰部的纖細，衣襬向外擴大的剪裁。

在服裝廓形上，也會依據男性臉和女性臉而必須選擇不同的單品。

關鍵03 衣長

下身衣著要確認的最後一項重點，就是「衣長」。選擇衣長時，要看的是屬於娃娃臉還是成人臉。

關於裙子的長度，請檢視長度是短於還是長過膝蓋骨上方的位置。如果是剛剛好到膝蓋骨上方的長度，則任何臉型都適合。至於長裙或長褲，則以腳踝骨（骨頭正中央）爲基準點。如果是剛好到腳踝的長度，則任何臉型都適合。

本書的156頁起，會將此處介紹的七項重點，以及各類型適合的單品，整理成簡單明瞭的一覽表，敬請參考。

那麼，下一節起就要來向各位介紹，偶像型、男孩型、優雅型、寶塚型的人，分別適合什麼樣的具體打扮，以及適合哪些貼身配件。

偶像型的特徵與穿衣重點

Idol

清純
可愛

Impression

[長相給人的印象]

偶像型的人局部五官小而圓潤，帶給人清純可愛的印象。不僅看起來比實際年齡年輕，這種青春與秀氣的印象，也不會隨著年齡增加而衰減。由於充滿了溫柔婉約的風韻，因此在打扮上最好能配合長相優勢，在某些部分加入一點強調女人味的特色。

Fashion
[適合的打扮]

挑選適合五官印象的服裝時

1. 領口線……遮住鎖骨的位置
2. 袖根縫合位置……與自己的肩膀位置相同or較內側
3. 衣寬……與自己的肩寬同寬or較窄
4. 上身衣著長度……與腰骨的位置相同or較短
5. 腰圍……有碎褶或活褶
6. 服裝廓形……A字形、Y字形
7. 下身衣著長度……及膝和及腳踝骨or膝上和短於腳踝骨

color
[適合的顏色]

偶像型有著可愛的氛圍，十分適合會讓人聯想到澄澈藍天的藍色，或淡而印象柔和的粉色系。

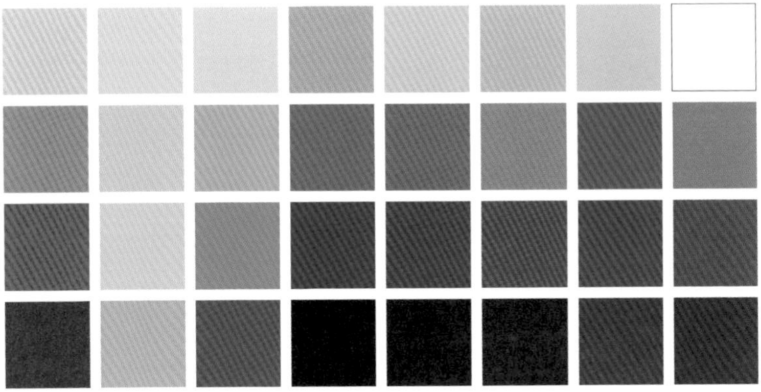

春季的推薦色 Spring

搭配組合

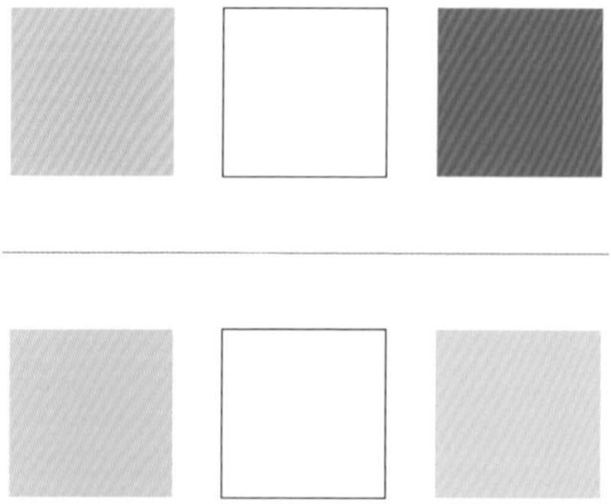

建議搭配給人如春季般和煦印象的粉灰色或粉黃色；也可搭配令人聯想到春暖花開的櫻桃紅（Cherry Pink）或丁香紫（Lilac）。

只要加上一件白色的基準服，穿搭起來就會十分輕鬆方便。

夏季的推薦色 Summer

搭配組合

如同春季，加入一件白色的基準服，也能方便夏季穿搭。以令人聯想到夏日豔陽的紅色作為基底，搭配上柔和的海軍藍，是絕佳的組合。

再者，以白色的基準服，做出三色旗式的顏色組合，或者，以清涼的藍色，搭配上可愛甜美的粉紅色重點色，也是能襯托出偶像型印象的色彩組合。

秋季的推薦色 Autumn

搭配組合

取秋意漸濃的意象，以梅子色（Plum Color）為主色，搭配上沉穩的顏色。
在配色上，加入翡翠綠（Emerald Green），便能表現出偶像型特有的甜美感。
基準服的顏色可以取可可色（Cocoa Brown）。
可可色也很適合配上梅子色等紫色系顏色，如此便能營造出清新脫俗的印象，十分推薦。

冬季的推薦色 Winter

搭配組合

建議穿著寒冬中也能帶給人溫暖柔和氛圍的粉紅色，以及粉紫色的同色系漸層色。基準服選擇灰色。想要營造成熟大人感時，則可將梅子色穿套在灰色的基準服上。在配色上，加上翡翠綠的耳環、項鍊或圍巾等配件，能帶給人與偶像型一拍即合的輕盈感。

[五官診斷×骨架診斷]

偶像×直筒型

Idol × Straight

1 領口線
與鎖骨相同的位置

2 袖根縫合位置
與自己的肩膀位置相同or稍微內側

3 衣寬
與自己的肩寬同寬or稍窄

4 上身衣著長度
與腰骨的位置相同

5 腰圍
有少許碎褶或活褶

6 服裝廓形
I字形、寬鬆的A字形、Y字形

7 下身衣著長度
及膝和及腳踝骨

上身／WES
下身／作者私人物品
鞋子／作者私人物品
包包／DIANA（DIANA銀座總店）

Fashion
適合的打扮

上身

- 質地較厚的罩衫
- 高針數針織衫
- 款式設計簡單的上衣
- I字形連身洋裝

全部皆為作者私人物品

下身

- 碎褶或活褶較少的單品
- 波浪圓裙
- 窄裙
- 錐形褲

作者私人物品

外套

- 短版外套
- 無領外套

Pattern
[適合的花紋]

- 菱形格紋
- 千鳥格紋

偶像×直筒型
適合的配件

作者私人物品

項鍊

長項鍊是缺之不可的單品，它能讓胸部看起來不那麼厚重。款式上，適合選擇心型等有圓弧的設計。
鍊子請選擇不會太粗也不會太細的。
材質上，搭配骨架類型選擇金、銀或白金的話，就能與妳的身體質感相稱。若是配戴短項鍊，不妨選擇造型可愛而有圓弧感的墜子。

Accessories

首飾

耳環

請選擇不會太大、不會太小，且不會搖晃的耳環。款式上，妳很適合帶有圓弧又有光澤感的設計，心型或緞帶造型也十分適合妳。

PAPILLONNER

B

Bag

左：DIANA（DIANA銀座總店）
右：HITCH HIKE MARKET

包包

可選擇有圓弧感的真皮包包。尺寸偏大而造型密實的包包，十分適合直筒型的人，但身為偶像型的妳，比起造型密實的包包，其實更適合攜款式上帶有圓弧的設計，像是圖案或主題上帶給人可愛感的包包等等。

S

Shoes

鞋子

作者私人物品

材質上，與包包相同，請選擇真皮材質。
鞋跟不妨選擇不會太粗也不會太細的傳統造型鞋跟。妳適合圓頭的鞋尖。挑選露出腳背而沒有扣帶的款式設計，便能修飾腳部的線條。妳適合簡單而設計感較少的單品。

Hat

帽子

作者私人物品

棉質漁夫帽、呢帽（Felt Hat）

建議夏季戴棉質帽子、冬季戴材質厚而扎實的帽子，像是毛氈布的呢帽。妳適合圓頂的造型。

Glasses

眼鏡／太陽眼鏡

圓框

眼鏡方面，每個人適合戴的鏡框形狀，會根據自己屬於娃娃臉還是成人臉、男性臉還是女性臉，而大有不同。偶像型的妳，適合鏡片小、鏡框較圓的款式。

JINS

Q1 直筒型適合簡約的服裝，而偶像型適合具有設計感的服裝。那麼要如何才能把有設計感的服裝穿得漂亮？

A 偶像×直筒型的人，要選擇直筒型適合的簡約款式設計。只要在一個重點處選擇具有裝飾性的設計，就能襯托出偶像給人的五官形象。

上身不妨挑選明亮的顏色或適合偶像型的顏色。其中一種基本的打扮方式是，選擇帶有圓弧感的圖案設計，如此一來就能突顯偶像型年輕柔美的形象。

Q2 在配件使用上，有沒有什麼便利技巧？

A 在夾克的領口，加上一條領巾，簡單打個結，就能讓印象升級。也不必用上什麼高難度打結方式。領巾是推薦給偶像×直筒型的人的最佳配件。即使是在以骨架類型為優先的情況下，選擇了基本款又缺乏設計感的簡樸服裝，只要加上一條領巾，就能讓偶像型的柔軟形象加分。

材質上，不妨選擇質地比較硬挺的絲綢類，儘量避免雪紡、亞麻等材質。

［五官診斷×骨架診斷］

偶像×波浪型

Idol × Wave

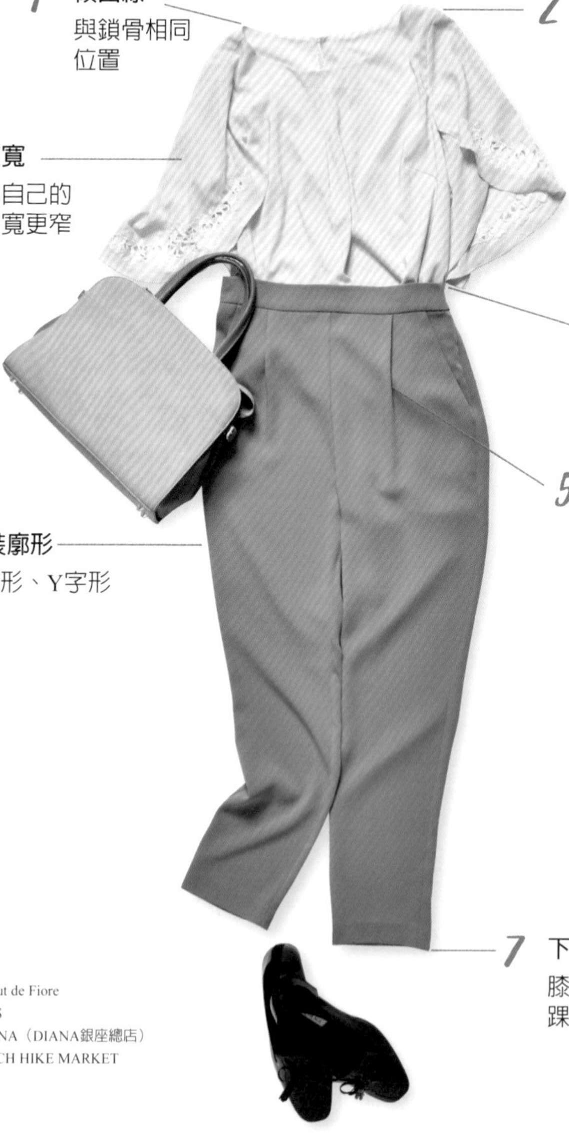

1 領口線
與鎖骨相同位置

2 袖根縫合位置
比自己的肩膀位置內側

3 衣寬
比自己的肩寬更窄

4 上身衣著長度
短於腰骨的位置

5 腰圍
有碎褶或活褶

6 服裝廓形
A字形、Y字形

7 下身衣著長度
膝上or及膝／及腳踝骨or短於腳踝骨

上身／Debut de Fiore
下身／WES
鞋子／DIANA（DIANA銀座總店）
包包／HITCH HIKE MARKET

Fashion

適合的打扮

上身

- 質地薄的罩衫
- 蕾絲上衣
- 內外兩件式針織上衣＋外套
- 鬆緊編的針織衫
- 在腰圍處拼接蕾絲等材質、衣襬向外擴散的荷葉襬上衣

上身／WES
下身／作者私人物品
鞋子／TALANTON by DIANA（DIANA銀座總店）
包包／DIANA（DIANA銀座總店）

下身

- 有碎褶或活褶的波浪圓裙
- 蓬蓬紗裙
- 蕾絲裙
- 合身褲

作者私人物品

外套

- 短版外套
- 毛領外套

Pattern
［適合的花紋］

- 點點圖案
- 小碎花圖案

偶像 × 波浪型
適合的配件

項鍊

最好選擇有分量感的短項鍊。穿著胸口較敞開的衣服時，可以透過項鍊淡化此處的裸露感，將過於成熟嫵媚的氛圍加以中和。長項鍊最好也選擇兩層以上的單品。

此外，鍊子纖細的首飾，也與妳的身體質感十分相稱。珍珠適合有光澤的，墜子則適合有鑲嵌寶石等物的設計。

作者私人物品

Accessories

首飾

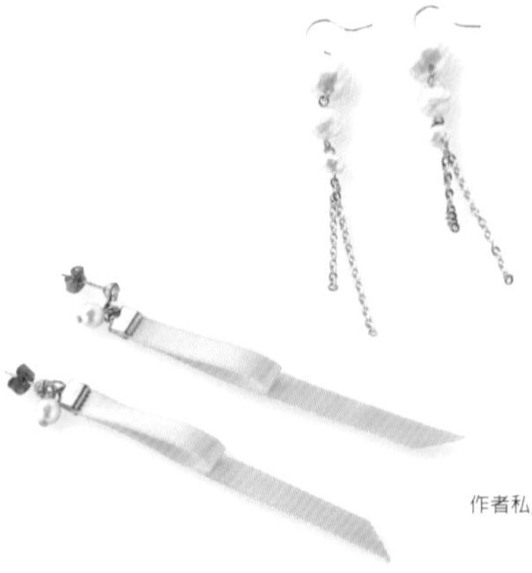

作者私人物品

耳環

建議選擇小巧纖細的耳環。造型上，最好是有圓弧、有光澤感的設計。

B

選擇材質具有柔軟感的包包。款式上，最好是小巧而帶有圓弧的設計。圖樣或主題上，妳適合挑選帶有可愛感或帶有寶石的設計。

Bag
包包

左：HITCH HIKE MARKET
右：DIANA（DIANA銀座總店）

S

Shoes
鞋子

材質上，不妨選擇透明或粗花呢等材質。推薦細跟的跟鞋或平底的芭蕾舞鞋。妳適合圓頭造型的鞋尖。

上：TALANTON by DIANA（DIANA銀座總店）
下：DIANA（DIANA銀座總店）

Hat

帽子

草帽（Straw Hat）

粗花呢貝雷帽（Beret）

款式設計上，適合帽簷小而有圓弧的帽子。不妨也挑戰一下粗花呢材質或有圖案的帽子。夏季可選擇質感柔軟的草帽。

作者私人物品

Glasses

眼鏡／太陽眼鏡

圓框

適合鏡片小、鏡框較圓的款式。

JINS

Q1 雖然這裡說我適合可愛氛圍的衣服，但我也想挑戰成熟打扮。這種時候該怎麼辦？

A 偶像×波浪型的人原本就有著柔和氛圍的長相，又帶給人年輕的印象，因此可愛感會更加強烈。不過，只要控制衣物的長度，就能增添成熟感。儘量讓現在所穿的衣服，接近58頁起介紹的七項重點即可，妳還是能從中享受各式各樣的打扮方式。

即使沒有七項重點全部符合也沒關係，最少符合六項時，就算是十分適合妳的打扮。

Q2 偶像×波浪型應該擁有的配件是什麼？

A 高跟鞋。偶像×波浪型的人適合波浪圓裙等飄逸的線條。在做這種打扮時，搭配上高跟鞋，就能有顯腿長的效果。如此不僅能使身材比例看起來更好，還能在偶像型特有的可愛氛圍中，加入成熟綽約的風韻。

再者，高跟鞋若選擇亮面漆皮或蕾絲的材質，就能一邊襯托妳的長相上的優點，一邊增添成熟的氛圍。

[五官診斷 × 骨架診斷]

偶像×自然型

Idol × Natural

1 領口線
遮住鎖骨的位置

2 袖根縫合位置
與自己的肩膀位置相同

3 衣寬
與自己的肩寬同寬

4 上身衣著長度
與腰骨的位置相同

5 腰圍
有少許碎褶或活褶

6 服裝廓形
I字形、寬鬆的A字形、Y字形

7 下身衣著長度
及膝和及腳踝骨

上身和下身／作者私人物品
鞋子／DIANA WELL FIT（DIANA銀座總店）
包包／DIANA（DIANA銀座總店）

Fashion

適合的打扮

上身

- 襯衫式罩衫
- 低針數短版針織衫
- 針織背心
- 棉質蕾絲罩衫
- 高領無袖上衣

上身／作者私人物品
下身／BELLE MAISON／千趣會
鞋子／作者私人物品
包包／DIANA（DIANA銀座總店）
項鍊／PAPILLONNER

下身

- 對褶裙（Box Pleat Skirt）
- 活褶直筒褲
- 百褶裙
- 寬鬆的A字裙

作者私人物品

Pattern ［適合的花紋］

- 民族風花卉圖案
- 格紋

外套

- 短版牛角釦大衣（Duffle Coat）
- 短版戰壕式風衣（Trench Coat）
- 厚呢短大衣（Pea Coat）

偶像×自然型
適合的配件

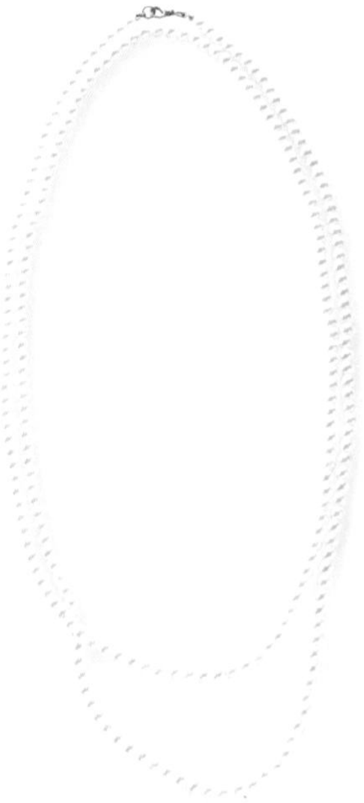

作者私人物品

項鍊

自然型原本適合的是皮革、木頭等的素材，但這對偶像型的妳來說，太過硬派，恐怕會與長相上的柔和形象有所衝突。因此，可選擇光澤較低的素材，例如形狀不規則的淡水原形珍珠（Baroque Pearl），將長珍珠項鍊多繞幾圈配戴也很迷人。墜子不妨選擇帶有圓弧的設計。

A

Accessories

首飾

耳環

與項鍊相同，請選擇光澤感較低的素材。淡水原形珍珠、黑珍珠都是不錯的素材。環狀耳環也很適合。在圖案造型上，和項鍊相同，請選擇帶有圓弧的設計。

作者私人物品

DIANA
（DIANA銀座總店）

B Bag
包包

不妨選擇自然素材，以配合自然型在打扮上的材質感。雖然自然型的人適合大型的包包，但選擇稍微小一點的，才能符合偶像型五官帶給人的可愛俏麗的印象。

S Shoes
鞋子

材質上，推薦使用皮革、絨面革、木頭或軟木的鞋子，這些都是自然型的人所適合的材質。鞋尖最好是圓形，鞋跟則要選擇具有穩定感的粗跟。在圖案或主題上，請避開硬邦邦的氛圍，選擇帶有圓弧的設計，以烘托偶像型俏皮可愛的形象。

左：DIANA（DIANA銀座總店）
右：作者私人物品

H

Hat

帽子

作者私人物品

夏季可選擇圓頂的草帽或牛仔布的漁夫帽。無論是草帽的材質或鏤空的編織，都能與自然型的人一拍即合。冬季則適合戴針織毛帽。

G

Glasses

眼鏡／太陽眼鏡

圓框

偶像型的妳適合鏡片小、鏡框較圓的款式。

JINS

Q1 骨架診斷（自然型）上適合的服裝，和五官診斷（偶像型）上適合的服裝，兩者給人的印象差距太大，讓我不知道究竟該如何打扮才好。

A 穿搭時，只要選擇肩膀不會太垂落的造型，以及衣寬不會太寬的版型就可以了。

自然型的人原本適合的是休閒而輕便的風格，以五官類型來說，這類風格的服裝廓形，往往比較適合男性臉的人。

但是，偶像型的人若選擇了只顧及到骨架種類的服裝，即使能修飾身材，也會與五官給人的印象產生不協調感。偶像型×自然型的人在挑選衣服時，七項挑選重點（58頁）中，要特別留意的是袖根縫合位置和衣寬。

Q2 有什麼配件可以幫助偶像×自然型的人解決穿搭的煩惱？

A 腰帶。在穿搭中加上腰帶，就能同時調整衣寬和衣長。尤其是穿著自然型所適合的大尺寸衣服時，只要使用腰帶，就能穿出適合偶像型的風采。

材質上，建議選擇皮繩等寬鬆感的腰帶。用腰帶繫出身體的曲線。在正式的場合中，則適合配戴絨面革材質或網狀編織的皮革腰帶。

男孩型的特徵與穿衣重點

Boyish

清新
健康

Impression

[長相給人的印象]

小巧而精緻的五官給人年輕而朝氣蓬勃的印象。看起來比實際年齡小、開朗有親和力的外型，都是男孩型的特色。請以輕便的打扮為主，以善加發揮外向活潑的形象。款式上，簡約的設計比強調女人味的設計，更能與妳的五官氛圍相互輝映。

Fashion

[適合的打扮]

挑選適合五官印象的服裝時

1. **領口線**……遮住鎖骨的位置
2. **袖根縫合位置**……與自己的肩膀位置相同or較外側
3. **衣寬**……與自己的肩寬同寬or較寬
4. **上身衣著長度**……與腰骨的位置相同or較短
5. **腰圍**……無碎褶或活褶
6. **服裝廓形**……I字形、X字形
7. **下身衣著長度**……及膝和及腳踝骨or膝上和短於腳踝骨

color

[適合的顏色]

妳適合清新有朝氣的顏色。建議選擇檸檬般的黃色和橘色，或者萊姆般澄澈的綠色系。即使穿上誇張的顏色，看起來也不會不協調。因此，不妨穿著明亮鮮豔而澄淨的顏色。

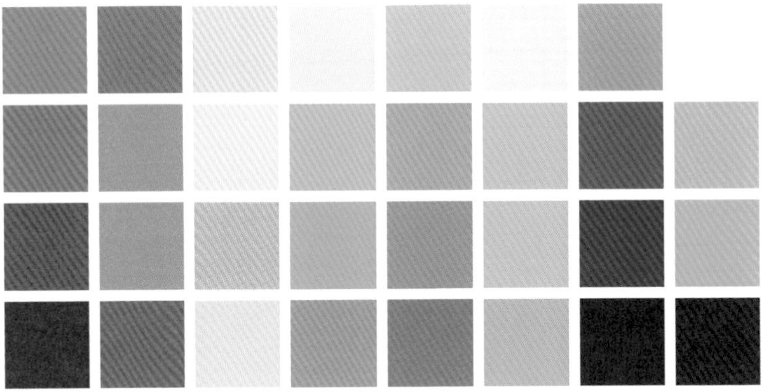

春季的推薦色

Spring

搭配組合

黃色感較強的白色，很適合當作妳穿搭上的基準服。在這個新綠的季節，不妨選擇清爽的萊姆綠和鮮明的黃色，作為穿搭上的組合。

鮭肉色（Salmon Pink）×米色×帶黃的白色的組合，也能給人如春日般暖和而活潑的印象，十分適合妳。

夏季的推薦色

Summer

搭配組合

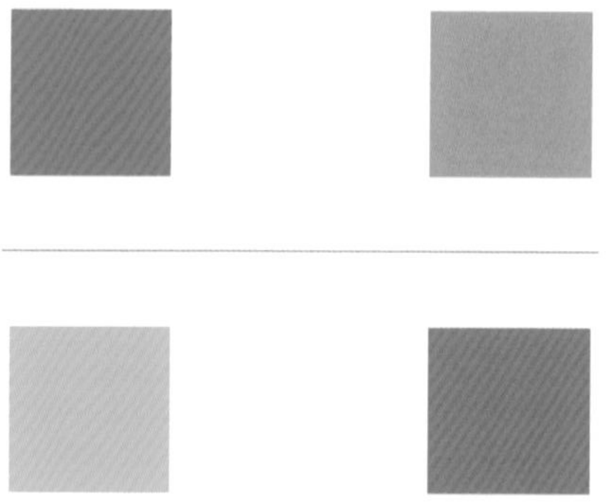

男孩型給人的印象是充滿活力的，這樣的妳在夏季不妨穿著能表現出社交感的橘色漸層。適合夏季穿搭的基準服和春季一樣，是帶有黃色感的白色。

綠松色（Turquoise）搭配橘色的組合，也很適合散發活潑氛圍的男孩型的人。此外，基準服若是春夏裝，就能連穿兩季。

秋季的推薦色 Autumn

搭配組合

因為秋季印象的顏色，色調偏暗，所以配件或首飾不妨選擇白色或米色當作重點色。男孩型的優點在於給人爽朗的感覺。以色調較沉穩的紫或橘等秋季色作為搭配，並以咖啡色的基準服加以整合，穿搭起來就會十分便利。

冬季的推薦色 Winter

搭配組合

和秋天一樣，以咖啡色為基本服，再加入灰色的服飾，就能營造出冬季沉穩的氛圍。在穩重感中，加入紅或紫等重點色，便能展現出男孩型開朗活潑的形象。

[五官診斷 × 骨架診斷]

男孩×直筒型

Boyish × Straight

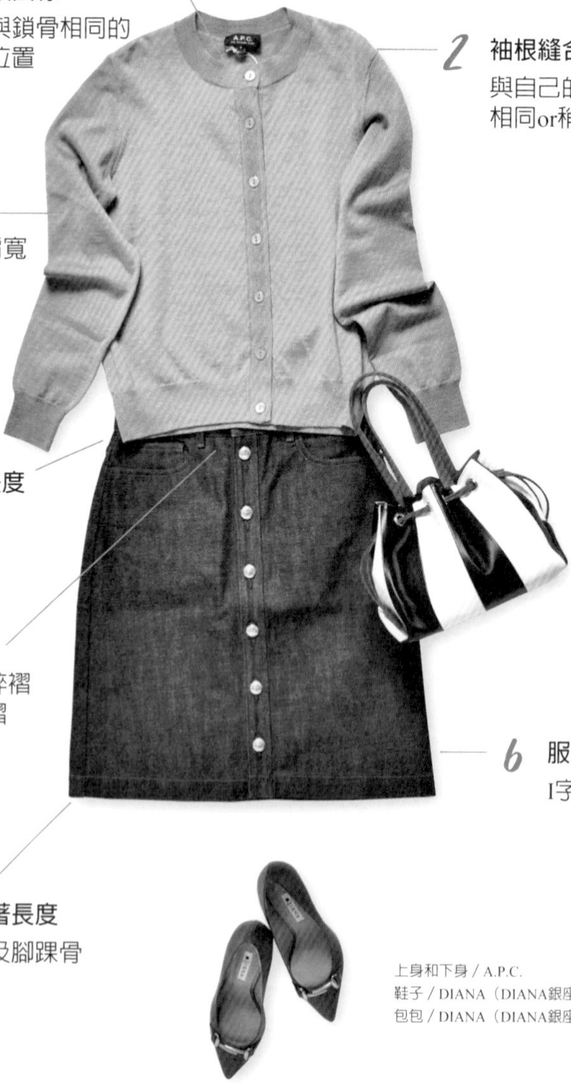

1 領口線
與鎖骨相同的位置

2 袖根縫合位置
與自己的肩膀位置相同or稍微外側

3 衣寬
與自己的肩寬同寬or稍寬

4 上身衣著長度
與腰骨的位置相同

5 腰圍
沒有碎褶或活褶

6 服裝廓形
I字形、X字形

7 下身衣著長度
及膝和及腳踝骨

上身和下身／A.P.C.
鞋子／DIANA（DIANA銀座總店）
包包／DIANA（DIANA銀座總店）

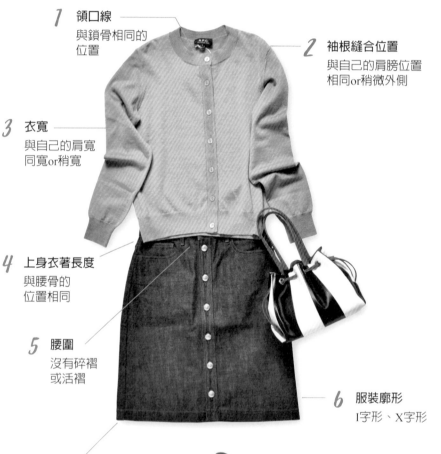

Fashion

適合的打扮

上身

- T恤
- 高針數針織衫
- 質地較厚的領結襯衫式上衣
- 襯衫

下身

- 窄裙
- 直筒褲
- 短褲裙／五分褲
- 未經洗白的丹寧牛仔裙

上身／Debut de Fiore
下身／BELLE MAISON／千趣會
鞋子／DIANA（DIANA銀座總店）
包包／DIANA（DIANA銀座總店）

A.P.C.

外套

- 短版切斯特菲爾德大衣（Chesterfield Coat，單排釦長大衣）
- 皮夾克
- 短版收束下襬外套

Pattern
［適合的花紋］

- 嘉頓格（Gingham Check）
- 菱形格紋

男孩 × 直筒型
適合的配件

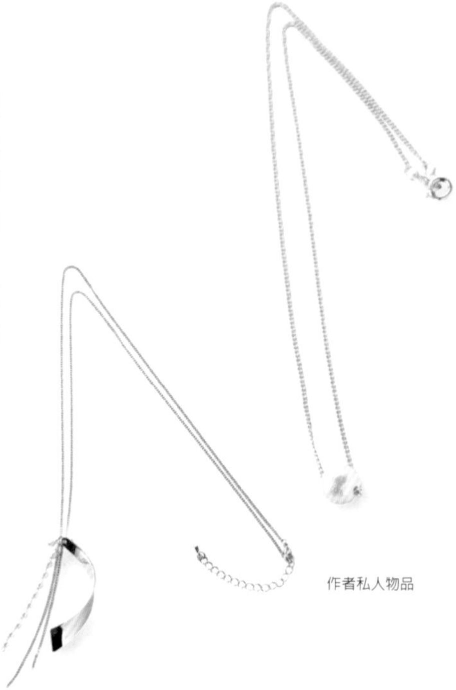

作者私人物品

項鍊

戴上長項鍊，就能讓飽滿的胸口看起來比較細瘦。鍊子請選擇不會太粗也不會太細的款式。素材上，搭配骨架類型選擇金、銀或白金等的話，就會與身體的質感十分相稱。配戴短項鍊時，請選擇款式設計俐落的墜子。此外，無光澤的質感比較能襯托出男孩型的五官氛圍。

Accessories

首飾

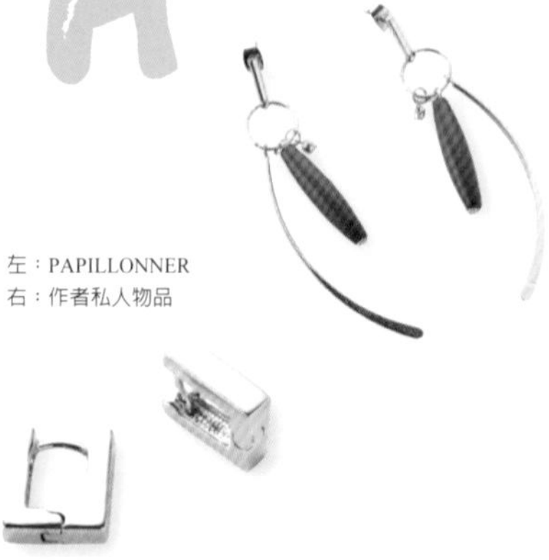

左：PAPILLONNER
右：作者私人物品

耳環

耳環要選擇不會太大、不會太小，且不會搖晃的款式。推薦選擇俐落的造型。直線形的設計，例如星星、鑽石等，或是用上流蘇、皮革的首飾，也都十分適合妳。

B
Bag

包包

DIANA（DIANA銀座總店）

包包要選擇真皮材質，以搭配直筒型在打扮上的材質感。若是仿皮的話，選擇十分接近真皮質感的材質也OK。可挑選直線條而有稜角的設計，以及不要太大的尺寸。條紋圖案等具有直線的設計，也與妳十分相稱。

S
Shoes

鞋子

材質上，與包包一樣，不妨選擇真皮或棉質。鞋跟最好是不太粗也不太細的傳統設計。妳適合方頭或尖頭的鞋尖。款式上，挑選露出腳背而沒有扣帶的設計，便能修飾腳部的線條。因為妳很能駕馭休閒性的單品，所以皮面的運動鞋也十分適合妳。

DIANA（DIANA銀座總店）

Hat

帽子

工作人員私人物品

妳適合帽簷較小，且款式設計上給人直線感、有稜角感的帽子。夏季戴船工帽（Boater／平頂草帽）或方頂帽（譯註：例如軍帽、方頂的棒球帽），也十分帥氣。

H

G

Glasses

眼鏡／太陽眼鏡

方框

妳適合鏡片小、鏡框屬於直線形、較有稜角的款式。

JINS

Q1 我不想只穿簡約的設計，也想挑戰看看華麗的打扮。請問該如何穿得好看？

A 男孩×直筒型的人原本適合的是簡約而基本的服裝廓形，但偶爾也挑戰一下華麗風格，說不定能從中發現自己的全新魅力。選擇圖案或剪裁醒目華麗的服裝，服裝廓形要以I字形為主，搭配有圖案的裙子，或選擇領口線的剪裁有著華麗造型的衣物，都能讓妳穿出迷人的風采。

Q2 想把造型簡約的服裝穿出女人味的話，有什麼配件是不可或缺的？

A 男孩×直筒型的人，如果配戴的首飾或配件也走浮誇路線的話，五官給人的印象就會被比下去，而使長相看起來過於平淡。利用款式設計簡約而顏色鮮豔的首飾，就能營造出女人味十足而華麗的氛圍。

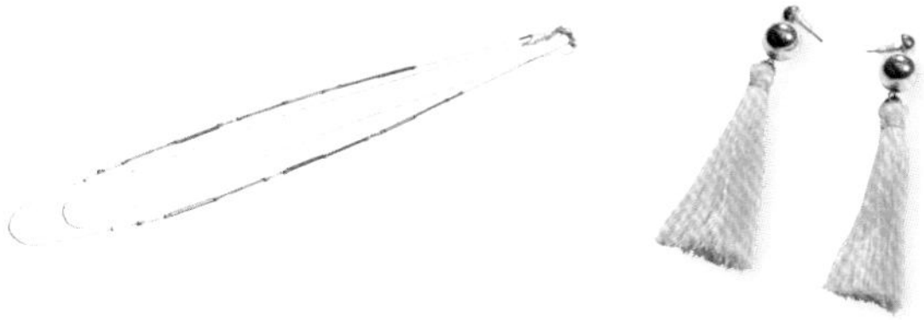

[五官診斷 × 骨架診斷]

男孩×波浪型

Boyish × Wave

1 領口線
遮住鎖骨的位置

2 袖根縫合位置
與自己的肩膀位置相同

3 衣寬
與自己的肩寬同寬

4 上身衣著長度
短於腰骨的位置

5 腰圍
有少許碎褶或活褶

6 服裝廓形
寬鬆的A字形、Y字形

7 下身衣著長度
膝上or及膝和及腳踝骨or短於腳踝骨

上身 / Debut de Fiore
下身 / WES
鞋子 / TALANTON by DIANA
（DIANA銀座總店）
包包 / 作者私人物品

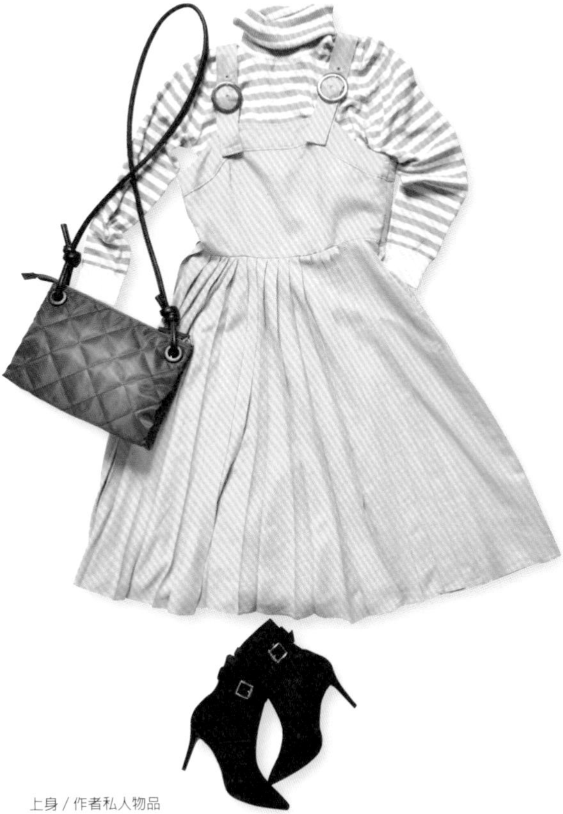

上身 / 作者私人物品
下身 / Debut de Fiore
鞋子 / DIANA（DIANA銀座總店）
包包 / ADINA MUSE
（ADINA MUSE SHIBUYA）

Fashion

適合的打扮

上身

- 高領的罩衫
- 鬆緊編的高領衫
- 襯衫式罩衫
- 領結罩衫

下身

- 有少許碎褶或活褶的波浪圓裙
- 打褶裙
- 錐形褲

外套

- 短版外套
- 絎縫外套（Quilted Coat）

工作人員私人物品

Pattern
[適合的花紋]

- 幾何圖形
- 嘉頓格

男孩 × 波浪型
適合的配件

工作人員私人物品

項鍊

最好是具有分量感的短項鍊，長項鍊的話，可選擇兩層以上。

項鍊中加入棉珍珠（譯註：日本以獨特技術將棉花壓縮製成的新材質；棉珍珠比一般珍珠輕巧，並帶點細緻柔和的光澤感）之類的素材的話，就能讓波浪型的柔軟質感與男孩型的俐落形象相互融合，取得平衡。鍊子上，不妨選擇細鍊。圖案、主題上，妳適合整體形象俐落、有稜角的設計。

Accessories

首飾

耳環

選擇小巧的耳環。款式上，建議選擇有稜有角的設計。不妨選擇星星、鑽石、流蘇等直線式的造型。

作者私人物品

B

Bag

包包

建議選擇質感柔軟、款式設計俐落的包包。可選擇小巧的尺寸。絎縫夾棉布是妳擅長駕馭的面料。

左：ADINA MUSE
（ADINA MUSE SHIBUYA）
右：作者私人物品

Shoes

鞋子

S

材質上，若選擇波浪型可以駕馭的伸縮材質或絨面革，就能同時襯托出男孩型開朗活潑的形象。
鞋尖不妨選擇尖頭的造型。尖頭的平底鞋與男孩×波浪型休閒風的形象，也非常相稱。

左：DIANA（DIANA銀座總店）
右：TALANTON by DIANA
（DIANA銀座總店）

Hat

帽子

材質上，不妨選擇與波浪型的氣質相稱的柔軟質地。有毛的帽子也很適合妳。

作者私人物品

Glasses

眼鏡／太陽眼鏡

JINS

方框

妳適合鏡片小、鏡框屬於直線形、較有稜角的款式。

Q1 如果穿男孩型所適合的I字形服裝，我擔心會突顯出自己太沒有肉的體型。

A 對穿I字形有所擔心的人，可選擇袖根縫合位置比基準點的肩膀再稍微內側一點的衣服。

由於剛剛好貼合自己身體的服裝廓形，會強調一個人的女人味，並不適合男孩型的人。所以建議不要選擇衣寬完全貼合的衣物，而是選擇有一點貼合又不太貼合的衣物。

Q2 想營造女人味時，建議配戴什麼樣的配件？

A 冬季建議穿細跟的短靴，夏季則建議穿腳踝部位有扣帶等物的涼鞋。這些單品能讓男孩×波浪型的人所散發出的剛毅氣質，變得比較柔和。妳也很適合穿褲裝，所以不妨用鞋子營造女人味，這麼一來妳的褲裝就會升級，使妳展現出更迷人的氛圍。

［ 五官診斷 × 骨架診斷 ］

男孩×自然型

Boyish × Natural

1 領口線
遮住鎖骨的位置

2 袖根縫合位置
比自己的肩膀位置外側

3 衣寬
比自己的肩寬更寬

4 上身衣著長度
與腰骨的位置相同

5 腰圍
沒有碎褶或活褶

6 服裝廓形
I字形、X字形

7 下身衣著長度
及膝和及腳踝骨

上身和下身／A.P.C.
鞋子／DIANA（DIANA銀座總店）
包包／作者私人物品

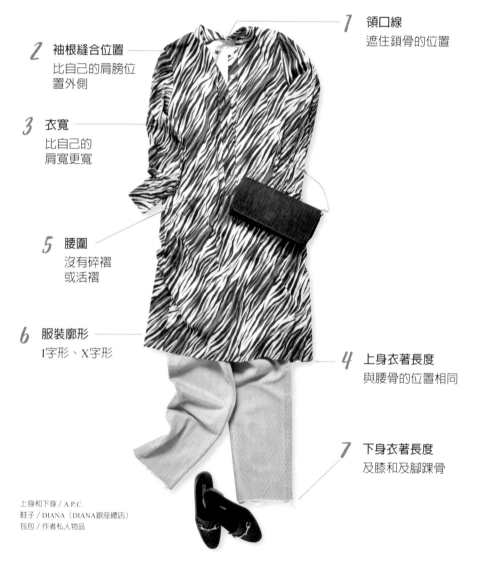

Fashion

適合的打扮

上身

- 棉質襯衫
- 丹寧襯衫
- 短版低針數針織衫
- 大尺寸T恤（衣長至腰骨位置）

下身

- 對褶裙
- 活褶長褲
- 長褲裙（長度稍短）
- 有洗白感的丹寧牛仔褲

工作人員私人物品

連身洋裝 / WES
鞋子 / DIANA（DIANA銀座總店）
包包 / HITCH HIKE MARKET

外套

- 短版牛角釦大衣
- 羔羊麂皮短外套
- 羽絨短外套

Pattern
[適合的花紋]

- 蘇格蘭格紋
- 花卉植物圖案

男孩×自然型
適合的配件

項鍊

材質上，請選擇皮革或木頭類。由於妳的骨架類型和五官印象，都難以駕馭有光澤感的素材，因此請選擇無光澤的材質。圖案、主題上，要帶給人俐落的氛圍。選擇天然石或無光澤的石頭，其中要帶有「直線形的線條」。

工作人員私人物品

Accessories

首飾

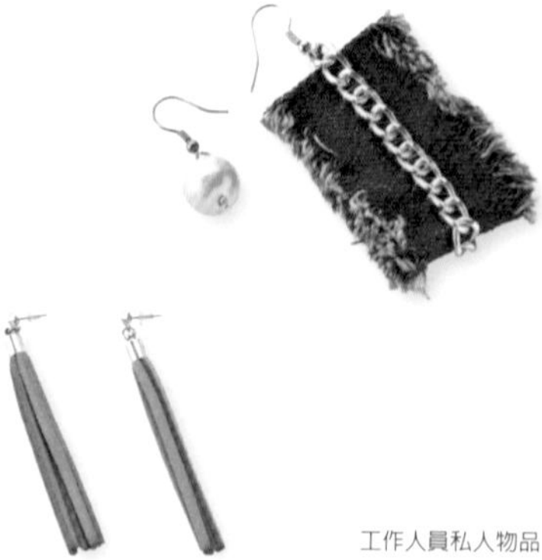

工作人員私人物品

耳環

與項鍊一樣，不妨選擇皮革、木頭等沒有光澤感的材質。圖案、主題上，妳同樣適合選擇帶有直線、形象俐落的款式。

包包

左：ADINA MUSE（ADINA MUSE SHIBUYA）
右：DIANA（DIANA銀座總店）

材質上，不妨選擇皮革、棉質、絨面革等。背包、托特包等，給人機動性強的印象，因此也很適合妳。
在正式的場合中，最好搭配中型尺寸的皮革包包。

鞋子

材質上，自然型所適合的皮革、棉質等天然素材，或休閒式的運動鞋，都很適合妳。鞋尖最好是帶給人俐落感的方頭或尖頭。鞋跟的粗細，建議選擇具有穩定感的粗跟。

DIANA（DIANA銀座總店）

Hat

帽子

材質上可選擇棉質或針織，造型上不妨選擇帽簷較小且為方頂的帽子。即使是針織毛帽，也要選擇帽冠不是貼合圓形頭頂的款式。

工作人員私人物品

Glasses

眼鏡／太陽眼鏡

方框

妳適合鏡片小、鏡框屬於直線形、較有稜角的款式。

JINS

Q1 在正式場合中，我該穿什麼樣的衣服？

A 男孩×自然型的人適合輕便而休閒的風格，所以難免會擔心遇到正式場合時，該穿什麼樣的服裝才好。

這種時候，上身不妨選擇襯衫。如果妳所在的職場允許，那就在襯衫外搭配一件針織衫，下身則可穿著百褶裙或有活褶的裙子等，這樣妳就能展現出更迷人的形象。男孩×自然型原本容易駕馭的是休閒風格的打扮，但只要在休閒風格中，搭配上襯衫和百褶裙，就能成為適合正式場合的穿著。

Q2 男孩×自然型在辦公室裡適合配戴的配件為何？

A 在辦公室裡，需要給人幹練的印象。此時，眼鏡就是打扮上的最佳配件。即使是簡單樸素的穿搭，只要戴上一副眼鏡，就能讓整體散發出精練感。最好選擇粗框的眼鏡。這樣就能在正式場合中，為妳營造出更加幹練的氛圍。

優雅型的特徵與穿衣重點

Elegant

華麗
高雅

Impression

［ 長相給人的印象 ］

妳的五官大而有厚度，輪廓立體又給人充滿女人味而華麗搶眼的印象。妳有著成熟氛圍，又給人高貴或神祕的印象。即使在眾人之中，妳也一定十分容易脫穎而出，受到矚目。妳可能從年輕時就常常給人很成熟穩重的印象。在打扮上善加運用搶眼的容貌，就能帶給人更迷人的印象。

Fashion
[適合的打扮]

挑選適合五官印象的服裝時

1. 領口線……露出鎖骨的位置
2. 袖根縫合位置……與自己的肩膀位置相同or較內側
3. 衣寬……與自己的肩寬同寬or較窄
4. 上身衣著長度……與腰骨的位置相同or較長
5. 腰圍……有碎褶或活褶
6. 服裝廓形……A字形、Y字形
7. 下身衣著長度……過膝和過腳踝骨

color
[適合的顏色]

妳適合帶有深度的色調，或帶有神祕氛圍的紫色。比起明亮爽朗的顏色，妳更適合沉穩的顏色。

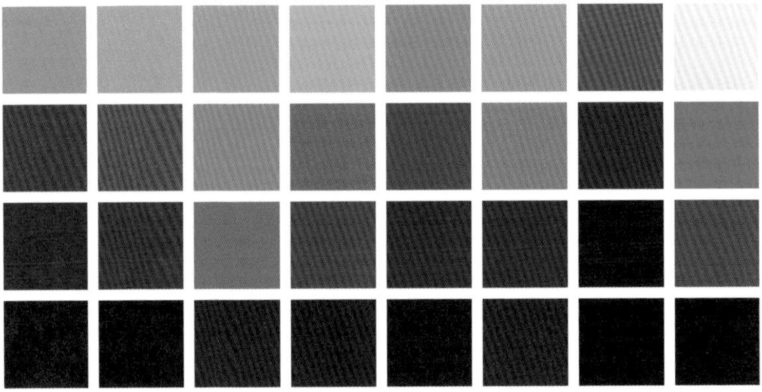

春季的推薦色 Spring

搭配組合

優雅型的人可以用比較明亮的紫色或萊姆綠等顏色來裝點春裝。穿搭上的基準服，顏色可選擇略帶黃或灰的白色。基準服若選擇春夏季共用的服裝，就能連穿兩季。

夏季的推薦色 Summer

搭配組合

將有如夏日豔陽的番茄紅，搭配上略帶黃或灰的白色，再加入鮭肉色等重點色，就能強調出優雅型的女人味。想要營造出清爽氛圍時，不妨以綠松色搭配上亮橘色。

和春季一樣，若以白色為夏季基準服，就能輕鬆地與任何具有清涼感的顏色搭配，十分方便。

秋季的推薦色 Autumn

搭配組合

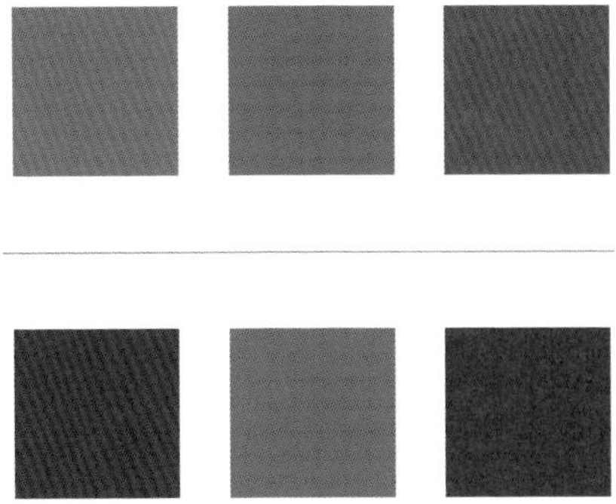

優雅型的人很適合在秋季加倍展現出自己穩重而高雅的氛圍。基本服選擇駝色（Camel），再配上卡其色、墨綠色或紫色，就能給人氣質高雅又脫俗的印象。重點色可選擇帶有深度的綠色或紅色。

冬季的推薦色 Winter

搭配組合

和秋季一樣，以駝色為基本色，並搭配上苔綠色（Moss Green）或巧克力棕（Choco Brown）等更加沉穩的色調。此外，再配上橘色系的重點色，就能給人符合優雅型的華美氛圍。

[五官診斷 × 骨架診斷]

優雅 × 直筒型

Elegant × Straight

1 **領口線**
遮住鎖骨的位置

2 **袖根縫合位置**
與自己的肩膀位置相同or稍微內側

3 **衣寬**
與自己的肩寬同寬or稍窄

4 **上身衣著長度**
與腰骨的位置相同

5 **腰圍**
有少許碎褶或活褶

6 **服裝廓形**
I字形、寬鬆的A字形、Y字形

7 **下身衣著長度**
及膝和及腳踝骨

上身和下身 / A.P.C.
鞋子 / DIANA WELL FIT
（DIANA銀座總店）
包包 / 作者私人物品

Fashion

適合的打扮

上身

- 高針數V領針織衫
- 襯衫、領口較深的有接縫針織衫
- 無領夾克

下身

- 碎褶、活褶數量少的裙子
- 窄裙
- 錐形褲（褲長較長）

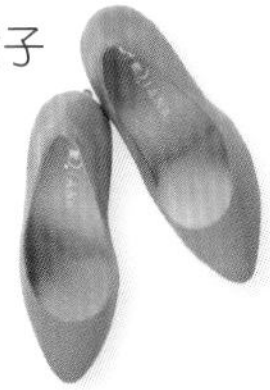

上身和下身 / 作者私人物品
鞋子 / DIANA（DIANA銀座總店）
包包 / DIANA（DIANA銀座總店）

作者私人物品

外套

- 羊毛長外套
- 戰壕式風衣

Pattern
[適合的花紋]

- 花卉圖案
- 點點圖案

優雅 × 直筒型
適合的配件

項鍊

長項鍊能讓飽滿的胸部得到修飾。款式上，最好選擇帶有圓弧的設計。

關於鍊子，請選擇不會太粗也不會太細的。材質上，可配合骨架類型，選擇金、銀或白金等材質，就會與身體的質感十分相稱。珍珠請選擇有光澤的。墜子則不妨搭配華貴的形象，挑選有光澤的素材。

作者私人物品

A Accessories

首飾

耳環

不妨選擇大而不會搖曳的耳環。有光澤感的設計，能襯托妳華麗而有女人味的氛圍。

作者私人物品

B

Bag

包包

左：ADINA MUSE（ADINA MUSE SHIBUYA）
右：DIANA（DIANA銀座總店）

關於包包，要選擇真皮，以配合直筒型打扮上所適合的材質感。較大的包包，才是適合妳的時尚品味。
圖案、主題上，也可以選擇鑲嵌寶石等能散發光澤的設計。此外，款式上也建議選擇帶有圓弧的設計。

Shoes

鞋子

S

材質上，與包包一樣，不妨選擇真皮材質。鞋跟適合不會太粗也不會太細的傳統鞋跟造型。鞋尖的形狀，建議選擇圓頭。
若想有顯腿長的效果，那麼最好的選擇就是，露出大量腳背的粉米色（Pink Beige）鞋子。
它不但能讓直筒型膝蓋以下的修長小腿看起來更美麗，還能與優雅型的服飾相互輝映。

上：DIANA
（DIANA銀座總店）
下：DIANA WELL FIT
（DIANA銀座總店）

Hat

帽子

龐德女郎寬簷帽、漁夫帽

不妨選擇帽簷寬廣、材質堅挺的款式。款式上，最好是圓頂的設計。

工作人員私人物品

Glasses

眼鏡／太陽眼鏡

波士頓框

妳適合鏡片較大、鏡框較圓的款式。

JINS

Q1 如何讓過於搶戲的形象，改變成沉穩的氛圍？

A 優雅×直筒型不僅五官突出，體型也性感豐腴，這種人會給人十分華麗的印象，但是當妳不想讓自己這麼搶眼時，就請特別留心做好I字形的打扮。上身可選擇袖根縫合位置與自己肩膀相同衣物，才不會過於強調胸部，而能帶給人高雅的印象。只要稍微改變一下妳選擇的單品，就能攻守得宜地展現出妳的魅力。

Q2 穿著簡單樸素的服裝時，推薦配戴的配件是什麼？

A 當我們穿著簡單樸素的服裝時，往往會忍不住搭配一些華麗搶眼的配件，但此時建議妳還是要選擇簡單樸素的配件。優雅×直筒型的人，原本就是給人十分華麗的印象，只要在胸前若有似無地配戴一條上等的珍貴寶石（鑽石、紅寶石、藍寶石、珍珠、翡翠等）的小項鍊，就能襯托出妳原有的高貴華麗的氛圍。

[五官診斷 × 骨架診斷]

優雅 × 波浪型

Elegant × Wave

1 **領口線**
與鎖骨相同的位置

2 **袖根縫合位置**
比自己的肩膀位置內側

3 **衣寬**
比自己的肩寬更窄

4 **上身衣著長度**
與腰骨的位置相同

6 **服裝廓形**
A字形、Y字形

5 **腰圍**
有碎褶或活褶

7 **下身衣著長度**
及膝和及腳踝骨or過膝

上身／作者私人物品
下身／Debut de Fiore
鞋子／DIANA（DIANA銀座總店）
包包／DIANA（DIANA銀座總店）

Fashion

適合的打扮

上身

- 罩衫
- 蕾絲上衣
- 露肩上衣
- 鬆緊編針織衫

下身

- 有碎褶或活褶的波浪圓裙
- 蓬蓬紗裙
- 蕾絲裙
- 魚尾裙
- 合身褲

上身 / BELLE MAISON / 千趣會
下身 / 作者私人物品
鞋子 / DIANA（DIANA銀座總店）
包包 / DIANA（DIANA銀座總店）

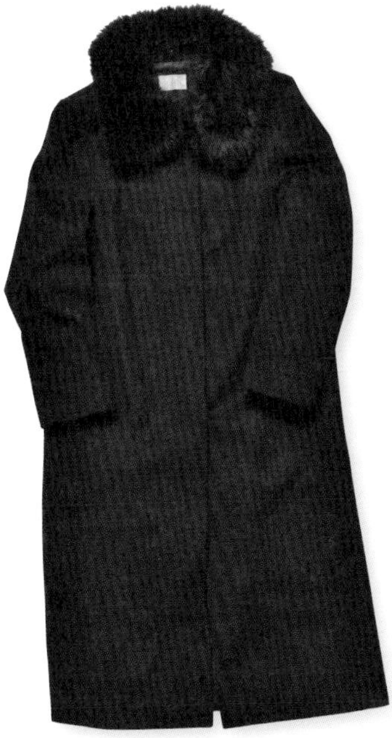

外套

- 雙排釦外套
- 長版毛領外套

作者私人物品

Pattern
[適合的花紋]

- 豹紋
- 璞琪圖案（Pucci Pattern）

優雅 × 波浪型
適合的配件

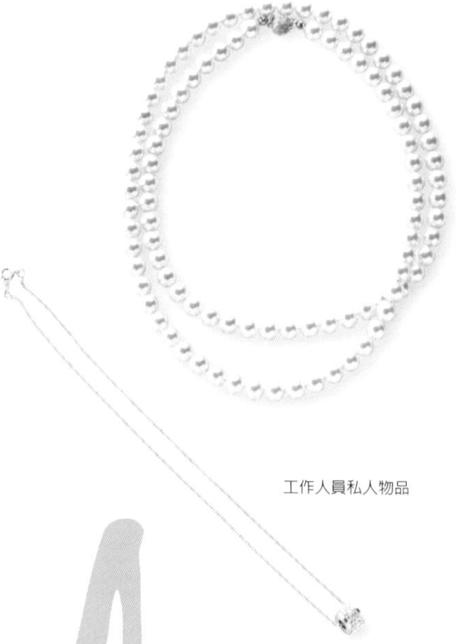

工作人員私人物品

項鍊

不妨選擇有分量感的短項鍊，若想配戴長項鍊，可選擇兩層以上的。

此外，由於妳給人的印象華麗而富有女人味，因此適合有光澤、亮澤的首飾。鍊子選擇纖細的款式，就能更突顯出華貴的魅力。款式上，最好挑選帶有圓弧的設計。

Accessories

首飾

耳環

不妨選擇有光澤感的材質，且造型小巧而搖曳。最好是質感或設計感特別突出，而非很有分量感的耳環。款式上，選擇花卉、心型等帶有圓弧的設計，將能與妳柔和的五官相互輝映。

冬季配戴毛絨絨的耳環，也很迷人。

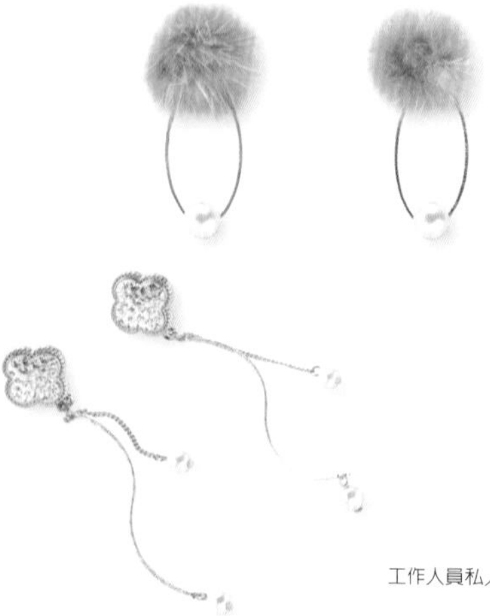

工作人員私人物品

B

Bag

包包

左：DIANA（DIANA銀座總店）
右：HITCH HIKE MARKET

適合柔軟的材質感，而非看起來硬邦邦的包包。款式上，可選擇帶有圓弧、中型尺寸的包包。

此外，也推薦選擇視覺上震撼感強烈的豹紋圖案和粗花呢（Tweed）的質料。

S

Shoes

鞋子

可選擇搭配有亮面漆皮或毛料的設計，或粗花呢的質料。鞋尖選擇尖頭，便能營造出柔和的女人味。在做休閒性的打扮時，也很推薦穿著圓頭平底鞋。

選擇繫帶鞋或有扣帶的鞋子，也能讓妳更有女人味。鞋跟方面，妳適合選擇細跟的鞋款。

上：TALANTON by DIANA（DIANA銀座總店）
下：DIANA（DIANA銀座總店）

Hat

帽子

草帽、漁夫帽

不妨選擇質感柔軟的帽子，或者以不同材質為裝飾的帽子。帽冠適合圓頂的設計。若是草帽，則建議選擇可摺疊的柔軟材質。

工作人員私人物品

Glasses

眼鏡／太陽眼鏡

波士頓框

妳適合鏡片較大、鏡框較圓的款式。

JINS

Q1 常常被人誤以為比實際年齡老成，如何才能給人可愛甜美的印象？

A 優雅×波浪型的人，長相上給人的感覺是，一個貴氣逼人的美麗大姊姊，成熟穩重感十分強烈。想製造出可愛或年輕的氛圍時，請試著將衣物的長度稍稍縮短。將上身衣著紮入裙褲中，也能讓妳給人的印象變年輕。

此外，上身選擇淺灰色或淺米色等明亮的顏色，也能讓妳給人的印象為之一變。

Q2 想製造出可愛形象時，要戴什麼配件？

A 冬季配戴使用毛料製作的首飾，夏季配戴加入雪紡、蕾絲等元素的首飾，就能營造出可愛甜美的氛圍。

[五官診斷 × 骨架診斷]

優雅 × 自然型

Elegant × Natural

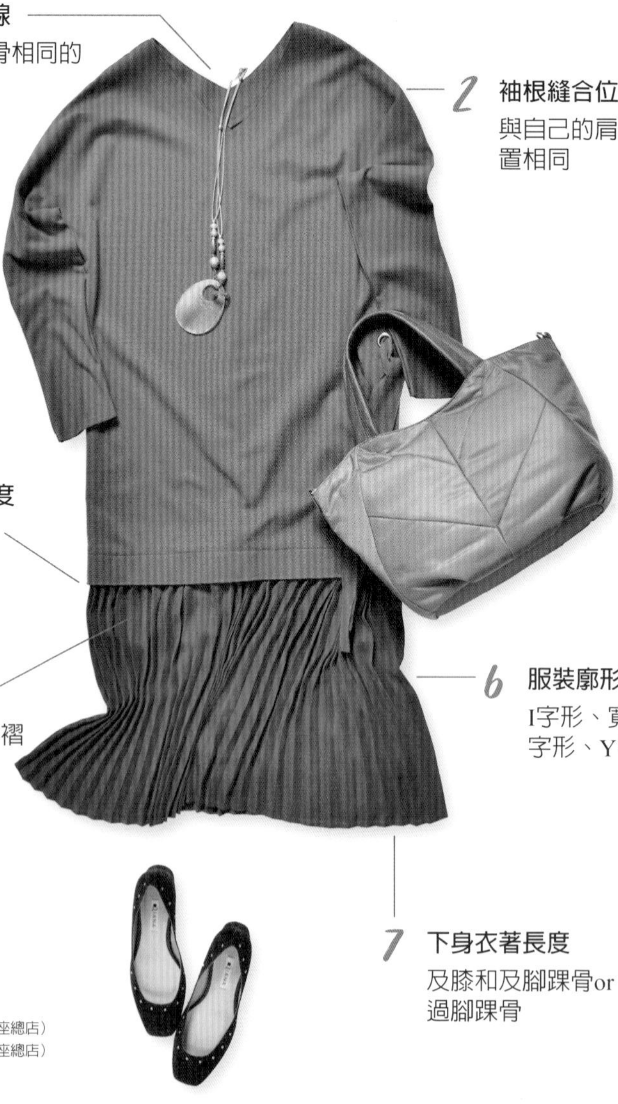

1 **領口線**
與鎖骨相同的位置

2 **袖根縫合位置**
與自己的肩膀位置相同

3 **衣寬**
與自己的肩寬同寬

4 **上身衣著長度**
長過腰骨的位置

5 **腰圍**
有少許碎褶或活褶

6 **服裝廓形**
I字形、寬鬆的A字形、Y字形

7 **下身衣著長度**
及膝和及腳踝骨or過腳踝骨

連身洋裝／千趣會
鞋子／DIANA（DIANA銀座總店）
包包／DIANA（DIANA銀座總店）
首飾／工作人員私人物品

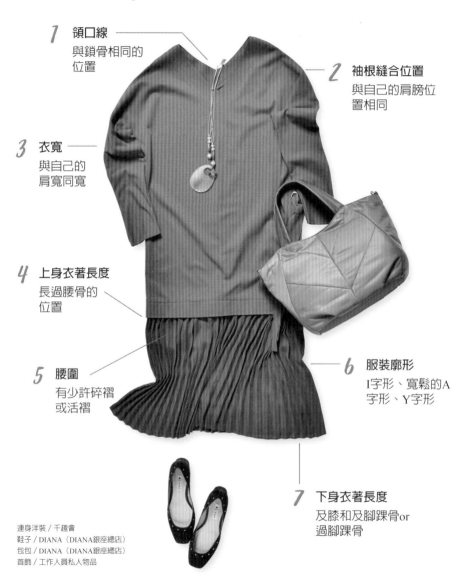

Fashion

適合的打扮

上身

- 襯衫式罩衫
- 大翻領高領套頭毛衣
- 無袖針織衫

下身

- 對褶裙（Box Pleat Skirt）
- 百褶裙
- 寬管長褲

上身和下身 / 工作人員私人物品
鞋子 / 工作人員私人物品
包包 / 工作人員私人物品

工作人員私人物品

外套

- 繭型大衣
- 長版針織開襟外套
- 針織裹式大衣（Wrap Coat，用腰間繫帶等物代替釦子的無釦大衣）

Pattern
[適合的花紋]

- 植物圖案
- 佩斯利花紋（Paisley Pattern）

優雅 × 自然型
適合的配件

項鍊

骨架類型屬於自然型的人，原本適合配戴無光澤的首飾，但五官類型屬於優雅型的人配戴無光澤的首飾，則會與五官的印象不協調。因此，選擇皮革或木頭的首飾時，在圖案、主題上，最好是使用具有光澤的材質。
款式上，可選擇帶有圓弧的設計。將原形珍珠多層式地配戴，也會讓妳更加迷人。

工作人員私人物品

Accessories

首飾

工作人員私人物品

耳環

不妨選擇大而有存在感、會搖曳的款式。請儘量挑選帶有圓弧的設計。與項鍊相同，要選擇加入部分光澤感材質的款式，而非整體都是無光澤的款式，才能更加突顯妳的魅力。

Bag
包包

不妨選擇大型且使用自然材質的包包。走優雅風格的時候，也可選擇加入蟒蛇紋等圖案的包包。
優雅×自然型的人會散發出柔和的氛圍，針織的包包與這種氛圍一拍即合。

工作人員私人物品

Shoes
鞋子

妳適合運動鞋等休閒風格。厚底楔形鞋或粗跟的跟鞋，也都十分適合妳。材質上，不妨選擇絨面革或真皮。

左：工作人員私人物品
右：+diana（DIANA原宿店）

Hat

帽子

草帽、漁夫帽

款式上請選擇帽簷寬、帽冠呈圓弧的設計，材質上請選擇草編或水洗棉等材質。若是草編的材質，最好選擇編織稀疏、孔洞較大的草帽。

工作人員私人物品

Glasses

眼鏡／太陽眼鏡

狐形框

雖然妳也適合鏡框較大、鏡框較圓的造型，但因自然型的人適合休閒性的質感，從這一點來看，狐形框會比波士頓框更適合妳。

JINS

Q1 我很不擅長休閒性的打扮，該如何挑選休閒性的服裝？

A 只要改變衣服的材質，就能讓妳輕易地穿出適合自己的休閒打扮。建議選擇丹寧材質。由於優雅型的人在長相上有著強烈的女性特質，因此其中有些人可能會覺得自己不適合穿休閒性的服飾。在需要穿著休閒風格的場合，最好選擇材質柔軟的針織裙或針織長褲等。

Q2 做休閒打扮時適合什麼樣的配件？

A 配件上，最好也選擇針織、丹寧或絨面革等休閒風的材質。刻意選擇與衣物不同的材質，能讓妳看起來更時尚。比方說，穿著丹寧的衣物時，配上針織的配件；穿著針織的衣物時，搭配丹寧或絨面革的配件，就能將休閒風格也穿得很迷人。

Takarazuka

Impression

[長相給人的印象]

寶塚型的人五官雖大，但又具有清爽而挺拔的氛圍，因此會給人帥氣有型又成熟的印象。看起來比實際年齡成熟，是寶塚型的特色。性格美女一詞就是妳的寫照，因此一定有很多男男女女都對妳感到憧憬。即使在展現女人味時，妳還是能穿得十分有型。

Fashion

[適合的打扮]

＼ 挑選適合五官印象的服裝時 ／

1 領口線 ······ 露出鎖骨的位置
2 袖根縫合位置 ······ 與自己的肩膀位置相同or較外側
3 衣寬 ······ 與自己的肩寬同寬or較寬
4 上身衣著長度 ······ 與腰骨的位置相同or較長
5 腰圍 ······ 平坦（沒有活褶或碎褶）
6 服裝廓形 ······ I字形、X字形
7 下身衣著長度 ······ 及膝和及腳踝骨or過膝和過腳踝骨

color

[適合的顏色]

妳適合以黑白色調為主的色彩分明的顏色。即使身上穿著色彩分明的服裝，也不會給人嚴肅感，反而能成為帥氣的女性，這正是寶塚型的優點。想營造出柔和氛圍時，不妨加入冷色系帶有透明感的顏色。

春季的推薦色 Spring

搭配組合

可選擇春季感十足的粉紅或檸檬黃等顏色；至於基準服，選擇較明亮的灰色，以襯托寶塚型的俐落感，就能與妳的氛圍相互輝映。

夏季的推薦色 Summer

搭配組合

夏季時，上身可穿冷色系而明亮的色調，再搭配一件和春天一樣的淺灰色基準服。

重點處不妨選擇色彩分明的顏色，如此能讓俐落的五官看起來更加有型。

秋季的推薦色 Autumn

搭配組合

秋季時，基準服請選擇色調沉穩的灰或黑色。因為衣服的色調較暗，所以重點處最好選擇亮一階的顏色。

冬季的推薦色 Winter

搭配組合

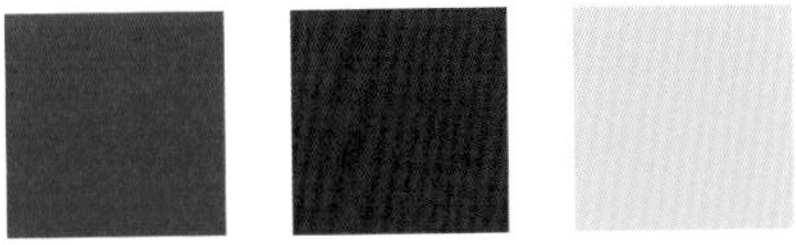

深灰、黑、深藍等色的秋冬基本服，是十分便於穿搭的單品。因為整體顏色偏暗，所以配件或首飾與秋季相同，不妨選擇色調較明亮的單品。

［ 五官診斷 × 骨架診斷 ］

寶塚×直筒型

Takarazuka × Straight

1 領口線
露出鎖骨的
位置

2 袖根縫合位置
與自己的肩膀位置
相同or稍微外側

3 衣寬
與自己的肩寬
同寬or稍寬

4 上身衣著長度
與腰骨的
位置相同

5 腰圍
沒有碎褶
或活褶

6 服裝廓形
I字形、X字形

7 下身衣著長度
及膝和及腳踝骨

上身和下身／作者私人物品
鞋子／DIANA（DIANA銀座總店）
包包／DIANA（DIANA銀座總店）

Fashion

適合的打扮

上身

- 高針數V領針織衫
- 襯衫
- 西裝背心
- 背心
- 西裝外套

下身

- 窄裙
- 直筒褲
- 長窄裙
- 沒有洗白感的
  丹寧牛仔褲

上身／作者私人物品
襯衫和下身／A.P.C.
鞋子／DIANA（DIANA銀座總店）
包包／DIANA（DIANA銀座總店）

A.P.C.

外套

- 單排釦長外套
- 戰壕式風衣
- 切斯特菲爾德大衣

Pattern
［適合的花紋］

- 直條紋
- 巴寶莉格紋（Burberry Check）

寶塚 × 直筒型
適合的配件

項鍊

透過長項鍊修飾胸部的效果，不但能降低身體的豐腴感，同時還能襯托出清秀的面龐。造型上，不妨選擇俐落而帶有直線的設計。含有木質或皮革的部分也很適合妳，但材質整體都是皮革或木質的話，會與身體的質感不太相稱，因此建議選擇這類材質僅占造型中的一部分。鍊子最好不要太粗也不要太細。

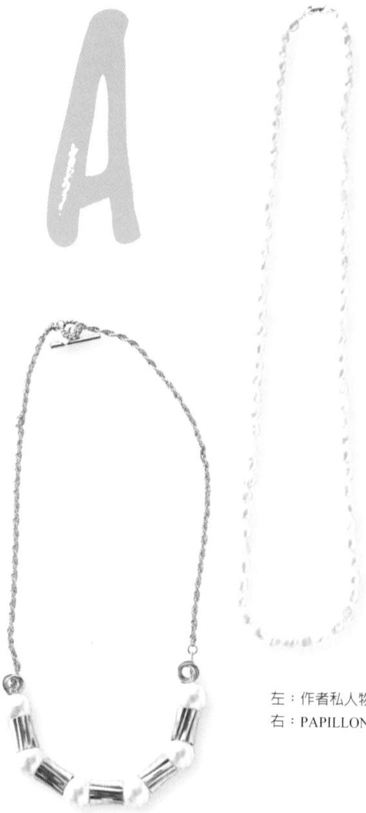

左：作者私人物品
右：PAPILLONNER

Accessories

首飾

耳環

不妨選擇大而有存在感的款式。可選擇造型俐落而帶有直線的設計。若有珍珠或天然石，則沒有光澤感的較為合適。

上：作者私人物品
下：PAPILLONNER

B

Bag
包包

DIANA（DIANA銀座總店）

建議選擇真皮、有厚度，且形狀硬挺的包包。立體壓紋的包包也能襯托帥氣的打扮。妳適合較大，且圖案、主題上氛圍俐落的包包。

Shoes
鞋子

S

不妨選擇皮革或棉的材質，且鞋尖為尖頭的款式。簡單樸素的設計、扣環上有直線式造型或有金屬氛圍的款式也很適合妳。建議選擇不會太粗也不會太細的鞋跟。

DIANA（DIANA銀座總店）

H

Hat

帽子

工作人員私人物品

中折帽、呢帽

妳適合帽簷寬、帽冠呈方形的款式。材質上，可選擇較厚的棉質或毛氈材質等。毛氈材質且帽簷寬的中折帽（譯註：指帽冠中間凹陷的帽子，例如爵士帽、巴拿馬草帽、牛仔帽等）也很適合妳。

G

Glasses

眼鏡／太陽眼鏡

威靈頓框

妳適合鏡片較大、鏡框屬於直線形、較有稜角的款式。

JINS

Q1 如果我打扮得太莊重，就會給人難以接近的感覺。關於這一點該如何改善？

A 想要營造出柔和氛圍時，上身的衣服請選擇袖根縫合位置比肩膀更外側的單品，穿著這樣的單品能增加休閒感，即使在正式的場合中也能散發出柔和氛圍。

不過，如果妳穿的衣服肩膀線條太下垂或衣寬太寬的話，就會破壞身材比例，這點要特別留意。

Q2 若想在參加派對等場合，營造出女人味時，什麼樣的配件比較合適？

A 想要帶給人華麗搶眼的印象時，不妨選擇較大的首飾。鑲嵌寶石等的設計，與妳的五官印象不搭調，因此請選擇款式設計上無光澤但又有個性的首飾。項鍊的話，不要在鍊子的粗細上追求搶眼，要選擇主要飾物搶眼的造型。若是珍珠首飾，一顆大顆棉珍珠的項鍊或耳環，就能讓妳看起來十分迷人。

[五官診斷 × 骨架診斷]

寶塚 × 波浪型

Takarazuka × Wave

1 **領口線**
與鎖骨相同的位置

2 **袖根縫合位置**
與自己的肩膀位置相同

3 **衣寬**
與自己的肩寬同寬

4 **上身衣著長度**
與腰骨的位置相同

5 **腰圍**
有少許碎褶或活褶

6 **服裝廓形**
寬鬆的A字形、Y字形

7 **下身衣著長度**
及膝和及腳踝骨or過膝

上身／WES
下身／作者私人物品
鞋子／DIANA（DIANA銀座總店）
包包／DIANA（DIANA銀座總店）

Fashion

適合的打扮

上身

- 襯衫式罩衫
- 露肩針織衫
- 無袖上衣

下身

- 有少許碎褶或活褶的波浪圓裙
- 寬管長褲
- 窄裙

上身和下身／作者私人物品
鞋子／作者私人物品
包包／作者私人物品

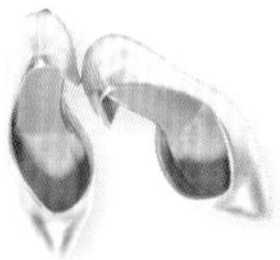

外套

- 羔羊麂皮外套
- 立領大衣
- 毛領羽絨外套

Pattern
［適合的花紋］

- 植物圖案
- 斑馬紋

工作人員私人物品

寶塚 × 波浪型
適合的配件

工作人員私人物品

項鍊

建議選擇有分量感的短項鍊或兩層的長項鍊。為了不使胸部顯得太單薄，最好挑選有分量感的造型。若是珍珠項鍊，棉珍珠、原形珍珠和黑珍珠是最佳選擇。若整體都是無光澤材質的話，會與身體的質感不相稱，因此最好是帶有一些光澤感。

A

Accessories

首飾

耳環

不妨選擇重點處或墜子本身為無光澤的耳環。建議挑選小巧纖細且會搖曳的類型。最好是強調縱直線的俐落造型。

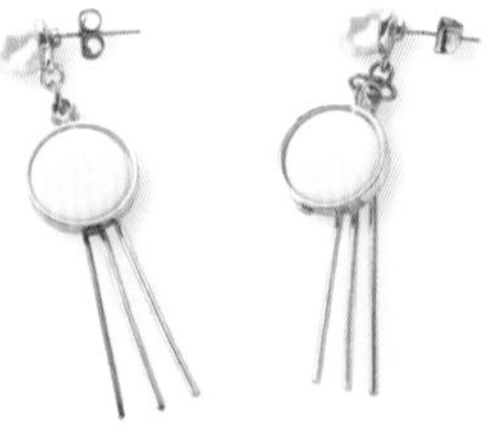

工作人員私人物品

B

Bag

包包

DIANA（DIANA銀座總店）

不妨選擇方形，且使用粗花呢等特別素材，或有立體壓紋等設計性的包包。尺寸上，妳適合不會太大的款式。可以挑戰有圖案的包包，說不定妳會從中發現自己全新的魅力。

Shoes

鞋子

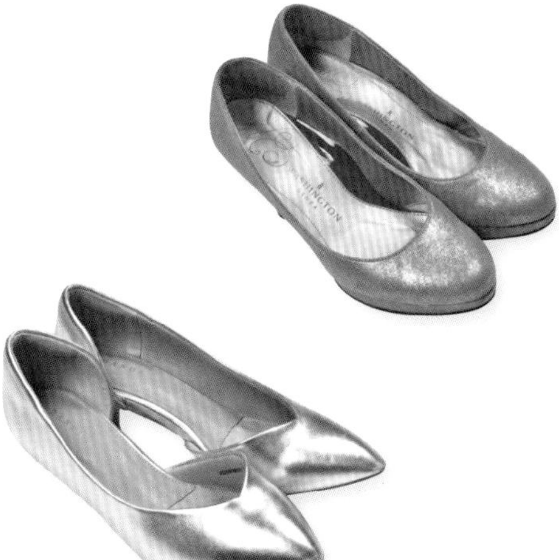

作者私人物品

材質上，建議選擇亮面漆皮、粗花呢或有圖案的鞋子。鞋尖最好是方頭或尖頭。鞋跟方面，妳適合較細的鞋跟。

S

Hat

帽子

中折帽、漁夫帽

妳適合質感柔軟、帽冠為直線形、有稜角的設計，且帽簷較寬的帽子。

工作人員私人物品

Glasses

眼鏡／太陽眼鏡

眉框

妳適合鏡片較大、鏡框屬於直線形、較有稜角的款式。但由於波浪型的人適合柔軟的質感，因此鏡框不宜太有稜有角，比起威靈頓框，更推薦妳選擇眉框。

JINS

Q1 請問如何將褲裝穿出女人味？

A 上身選擇袖根縫合位置比肩膀稍微內側，且些微合身的衣服，這樣就能修飾妳的身材。

與身體線條完全貼合、強調曲線的上衣，與妳給人的五官印象不搭調，因此需要避開。可選擇鬆緊編材質等不會與身體太過貼合的上衣。

Q2 請問穿著褲裝時，該搭配什麼樣的鞋子？

A 穿著褲裝時，挑選鞋子的重點在於顯瘦與強調縱直線。高跟鞋會強調從長褲到鞋子的縱直線，因此能讓妳看起來更美。

選擇低跟的鞋子時，則建議選擇鞋尖為尖頭的造型。

[五官診斷 × 骨架診斷]

寶塚 × 自然型

Takarazuka × Natural

上身和下身 / Debut de Fiore
鞋子 / DIANA（DIANA銀座總店）
包包 / ADINA MUSE（ADINA MUSE SHIBUYA）

Fashion
適合的打扮

上身

- 襯衫
- 大尺寸T恤
- 套頭上衣
- 低針數針織衫
- 連帽衫

下身

- 對褶裙（Box Pleat Skirt）
- 長褲裙
- 丹寧牛仔褲
- 長窄裙
- 針織裙

內搭衣 / A.P.C.
連身洋裝 / A.P.C.
鞋子 / +diana（DIANA原宿店）
包包 / DIANA（DIANA銀座總店）

A.P.C.

外套

- 羔羊麂皮外套
- 戰壕式風衣（Trench Coat）
- 針織外套

Pattern
［適合的花紋］

- 千鳥格紋
- 直條紋
- 蘇格蘭格紋

寶塚×自然型
適合的配件

項鍊

材質上，不妨選擇皮革、天然石等無光澤感的項鍊。若是珍珠，請選擇光澤感較低的種類，像是棉珍珠等。妳適合配戴大型而有分量感的項鍊。尤其若是長項鍊，又與妳的服裝特別相稱，因此長項鍊絕對是不可或缺的單品。

款式設計上，請選擇有直線或有稜角的形狀。妳也十分適合有個性的項鍊。

工作人員私人物品

Accessories

首飾

耳環

不妨選擇大而具有存在感、會搖曳的耳環。與項鍊一樣，挑選無光澤的材質，款式上選擇有直線或有稜角的設計，就絕對錯不了。

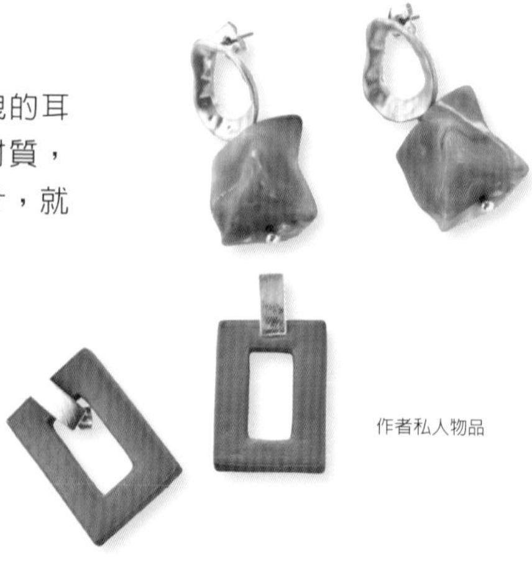

作者私人物品

B

Bag

包包

左：ADINA MUSE
（ADINA MUSE SHIBUYA）
右：DIANA（DIANA銀座總店）

請選擇自然素材或皮革且較大的方形包包。在做休閒性的打扮時，也可搭配尺寸較大的棉質托特包。正式打扮的場合，則適合挑選無光澤感的皮革托特包。

S

Shoes

鞋子

不妨選擇絨面革或皮革等材質。形象俐落或有個性且很有存在感的鞋子，也會與妳的打扮十分相稱。鞋尖建議選擇方頭或尖頭。休閒性的運動鞋也十分適合妳。

左：DIANA（DIANA銀座總店）
右：+diana（DIANA原宿店）

工作人員私人物品

Hat

帽子

中折帽、漁夫帽

妳適合自然材質或針織的帽子。有個性的款式設計，或者帽簷較寬、直線形有稜角的造型，妳也能輕鬆駕馭。

Glasses

眼鏡 / 太陽眼鏡

威靈頓框

妳適合鏡片較大、鏡框屬於直線形、較有稜角的款式。

JINS

Q1

我最喜歡有蕾絲、荷葉邊、木耳邊或花卉圖案之類的造型可愛的衣服了。但這類單品在骨架診斷和五官診斷上都不適合我，我該如何在打扮中加入這類元素？

A 想要穿著有蕾絲或花卉圖案等女人味十足的單品時，挑選的重點在於必須儘量放在鞋子、包包等距離五官較遠的位置。這麼一來，即使是不適合骨架或五官印象的單品，穿戴在身上也不會有不協調的感覺。

任何人都會有喜歡卻不適合自己的單品。無論再怎麼適合，只要不是自己喜歡的，穿在身上就很難感到開心。

我認為，一邊在打扮中加入自己喜歡的元素，一邊又朝著適合自己的方向努力，正是我們在為自己打扮時的一種樂趣。

Q2

有沒有什麼配件是推薦給寶塚×自然型的人在正式場合中穿戴的？

A 寶塚×自然型的人或許會覺得自己很難找到適合正式場合的首飾，但只要在挑選時留意材質，就能讓妳享受打扮的樂趣。即使是在正式場合中，只要選擇金、銀或白金的鍊子，就能襯托妳的五官氛圍。

一目了然！

挑選服裝的七個重點 】

優雅			寶塚		
直筒	波浪	自然	直筒	波浪	自然
露出鎖骨的位置	與鎖骨相同的位置	與鎖骨相同的位置	露出鎖骨的位置	與鎖骨相同的位置	與鎖骨相同的位置
與自己的肩膀位置相同or稍微內側	比自己的肩膀位置內側	與自己的肩膀位置相同	與自己的肩膀位置相同or稍微外側	與自己的肩膀位置相同	比自己的肩膀位置外側
與自己的肩寬同寬or稍窄	比自己的肩寬更窄	與自己的肩寬同寬	與自己的肩寬同寬or稍寬	與自己的肩寬同寬	比自己的肩寬更寬
與腰骨的位置相同	與腰骨的位置相同	長過腰骨的位置	與腰骨的位置相同	與腰骨的位置相同	長過腰骨的位置
有少許碎褶或活褶	有碎褶或活褶	有少許碎褶或活褶	沒有碎褶或活褶	有少許碎褶或活褶	沒有碎褶或活褶
I字形、寬鬆的A字形、Y字形	A字形、Y字形	I字形、寬鬆的A字形、Y字形	I字形、X字形	寬鬆的A字形、Y字形	I字形、X字形
及膝	及膝 or 過膝	及膝	及膝	及膝 or 過膝	及膝 or 過膝
及腳踝骨	及腳踝骨	及腳踝骨 or 較長	及腳踝骨	及腳踝骨	過腳踝骨

[五官診斷×骨架診斷

五官+骨架 / 衣服的形式	偶像			男孩		
	直筒	波浪	自然	直筒	波浪	自然
1 領口線	與鎖骨相同的位置	遮住鎖骨的位置	遮住鎖骨的位置	與鎖骨相同的位置	遮住鎖骨的位置	遮住鎖骨的位置
2 袖根縫合位置	與自己的肩膀位置相同or稍微內側	比自己的肩膀位置內側	與自己的肩膀位置相同	與自己的肩膀位置相同or稍微外側	與自己的肩膀位置相同	比自己的肩膀位置外側
3 衣寬	與自己的肩寬同寬or稍窄	比自己的肩寬更窄	與自己的肩寬同寬	與自己的肩寬同寬or稍寬	與自己的肩寬同寬	比自己的肩寬更寬
4 上身衣著長度	與腰骨的位置相同	短於腰骨的位置	與腰骨的位置相同	與腰骨的位置相同	短於腰骨的位置	與腰骨的位置相同
5 腰圍	有少許碎褶或活褶	有碎褶或活褶	有少許碎褶或活褶	沒有碎褶或活褶	有少許碎褶或活褶	沒有碎褶或活褶
6 服裝廓形	I字形、寬鬆的A字形、Y字形	A字形、Y字形	I字形、寬鬆的A字形、Y字形	I字形、X字形	寬鬆的A字形、Y字形	I字形、X字形
7 裙裝長度	及膝	膝上 or 及膝	及膝	及膝	膝上 or 及膝	及膝
長褲長度	及腳踝骨	及腳踝骨 or 較短	及腳踝骨	及腳踝骨	及腳踝骨 or 較短	及腳踝骨

將自己喜歡的服裝穿出時尚感的祕技

Tips for Showing your favorite clothing more fashionable stylish

透過「五官診斷」、「骨架診斷」了解「適合自己的衣服」後，可能有些人會因爲自己偏好的衣服不適合自己，而感到失望。

甚至還聽過有人說：「我錯愕地發現，衣櫃裡竟然沒一件衣服是適合自己的。」自己偏好的衣服和適合自己的衣服不同，這應該是常常可以聽到的一句話。

但是只要知道如何挑選出「適合自己的衣服」，想要把現有的衣服升級成「適合自己的衣服」，就不是一件難事。

我想透過診斷傳達的，不是非得穿「適合自己的衣服」不可，而是如何一邊保有自己的喜好，一邊把現有的衣服穿得更迷人。

比方說，就算妳喜愛的裙子，是妳這個類型所不適合的，也只要搭配一件適合妳的類型的上衣，就能讓妳的穿搭立刻變成符合妳的氛圍。

我們假設一個男孩×直筒型的人，喜歡的是波浪型的蓬蓬紗裙。

因爲蓬蓬紗裙給人的印象是甜美柔和的，所以上半身穿的，往往也會想配上材質感柔軟、又有女人味的罩衫等衣服。

然而，因爲男孩×直筒型的人所適合的下身裝扮是「窄裙」，所以波浪型的蓬蓬紗裙和適合自己的服裝，根本就恰恰相反。

這種時候，就要讓上身服裝在四項確認重點（領口線、袖根縫合位置、衣寬、衣長）上完全符合。

尤其是用簡單樸素的上身服裝來搭配的話，就會得到很好的平衡。

另外再舉一例。

比方說，橫條紋的上衣是適合男性臉的單品。但若是擁有偶像型或優雅型的女性臉的人，想穿著橫條紋的上衣時，下半身就要選擇適合自己的單品。

例如，上窄下寬的百褶裙，就是適合優雅型的單品，可以將這樣的百褶裙搭配上橫條紋的上衣。而此時橫條紋的上衣，要選擇領口線較深，剛好落在鎖骨位置上或露出鎖骨的單品，此外，袖根縫合位置要比自己的肩膀更內側，且衣寬較窄，衣長較長。

再者，優雅型的人穿著橫條紋的上衣時，不要將上衣紮進褲子或裙子裡爲宜。

雖然服裝給人的印象也很重要，但終究還是在自己喜歡的服裝中加入適合自己類型的單品，才是最棒的穿搭方式。

想要穿著不適合自己卻又很喜歡的下身衣著時，請記得「要搭配上身的四項確認重點全部符合的單品」。

上下身都選擇了「適合自己」的服裝時，看起來固然更迷人，但穿著自己偏愛的品味，更是享受打扮樂趣的一大重點。

了解自己的類型很重要，但我希望大家別被自己的類型過度綁架，儘量享受穿衣的樂趣。

不試穿也能找到絕配的服裝！
購買時需要
掌握的重點

Lesson

4

①

一週必穿一次以上的「基準服」是打扮上的重點

當我們有小孩要照顧，或工作太忙碌的時候，往往無法好好去逛服飾店或試穿衣服。

「無論是去逛服飾店或試穿，都很麻煩。但我又想把自己打扮得美美的！」

若想要達成這樣的心願，那麼有一項必需先做好的事。

那就是找出妳經常穿的必需單品。

比方說，有一件長褲是每週妳都會在穿搭中用上一次的單品。那麼就將這條妳喜愛的長褲當成必需單品，以此爲基準，充實妳衣櫃中的其他單品。此時，妳就是在把這項必需單品當成「基準服」。

與「基準服」搭配的是「輪穿服」。「輪穿服」可以挑選設計性強的服裝，或色彩鮮豔而讓人印象深刻的單品，購買齊全後，每天的穿搭就很簡單了。

在輪穿服方面，每季只要有三件下身單品，五件上身單品，就十分足夠。其他像是出去玩的服裝，或為了特別日子慎重打扮的服裝，只要有兩件洋裝、兩件夾克，就萬事ＯＫ。

正如冰箱裡貯存著大量食材時，思考菜色就會變得很吃力，衣櫃裡的衣服多到滿出來時，思考穿搭也會變得極為燒腦。這需要的是相當高難度的技巧。如果僅擁有最低限度的適合自己的單品，那麼妳就能迅速做出決定，而且穿起來又很時尚。

逛服飾店時，可以毫不猶豫又不必試穿，就順利挑選出尺寸剛好、能夠輪流穿搭，又能穿得長久的衣服。打開衣櫃時，裡頭擺的全都是適合自己的衣服。從今以後，請以這種理想的方式挑選衣服吧！

②

如何挑選可輪流穿搭的「基準服」

「基準服」是長褲、裙子等每週一定會穿上一次的單品，換言之，可以把它想做是妳超愛的單品，穿起來既舒服又會有好心情。

我會建議以下身衣著爲「基準服」。這麼一來，即使只有少少幾件下身衣著，妳也可以靠著增加上身衣著的件數，在形象上做出變化。畢竟上身衣著離五官近，容易左右一個人的形象。

因此，不妨提醒自己只需要有少少幾件下身衣著，同時多擁有幾件上身衣著。

請參照156頁的表，看看妳現在所擁有的衣服能否成爲基準服。

理想狀況是，符合所有項目的單品，即使有一項不符合，仍算是在基準服的及格範圍內。但若有兩項以上不符合的話，很遺憾地，那妳就得購入新的基準服了。購買時，請妳挑選下身衣著的三項確認重點全數符合的單品。

此外，買基準服時，還有另外三項重點需要注意。

第一，要「慎重挑選」。因爲是以基準服爲基準，來組成妳的衣櫃內容，所以這時一定要試穿，要謹慎挑選，絕對不能衝動購買。反過來說，只要小心謹慎地挑選基準服，在輪流穿搭上就會變得輕鬆容易，未來再也不用爲每天該穿什麼而煩惱。

其次，下身衣著的顏色，建議選黑、白、灰、深藍、褐色、米色六種顏色。將搶眼的顏色放在「輪穿服」（上身衣著）上，比較容易穿搭。

第三，基準服要品質好、選擇至少能穿兩季以上的單品。若是廉價衣物，說不定穿沒幾次就會脫線或變得縐巴巴。品質好能穿得長久，重新購買的次數就會減少，因此能大大節省逛服飾店挑選新衣的時間，甚至有可能每年只要多買幾件流行服飾即可。

選購基準服時，希望大家都能注意以上三項重點。

只有挑選「基準服」時試穿，其他「輪穿服」即使在不試穿的狀態下也能購買。輪穿服是每季更換的衣服。配合妳的五官診斷類型，放手去購入流行的單品或當季的流行色吧。

即使是在商場內販賣的較低價品牌的服飾，只要選擇了適合自己骨架類型的材質，看起來就不會有廉價感。藉由在輪穿服中添購流行新物，來讓一成不變的穿搭，不斷升級。

此外，請參考各類型適合的顏色，一邊選擇一邊調整色調，儘量不讓衣櫃裡充斥著同一種顏色。書末有整理出適合每個類型的色卡，各位不妨把自己的類型的色卡帶在身上。關於顏色的挑選方式，將在後面詳述。

③ 測量基準服的尺寸就能找到適合自己的衣服

買到最適合妳的基準服後，有一件事務必要先做好。

那就是測量尺寸。

如果妳原本就有最適合自己的「基準服」，那就用尺來量量看那件衣服的尺寸吧。

當我這麼說時，或許有些人會感到「好麻煩」。

測量衣物尺寸看似麻煩，但只要體型沒有太大的改變，那麼只須測量一次就能一勞永逸。

不測量尺寸，只看衣服的外型就衝動購買的話，就枉費妳花這麼多時間閱讀了。因爲可能衣服買回家後才發現「怎麼跟我想像的不一樣」，這麼一來不就跟讀這本書之前沒有差別了嗎？

看到喜歡的衣服時，可以請店員幫忙測量，不好意思開口的話，也可以帶進試衣間確認尺寸。

雖然麻煩，但只要測量過一次尺寸，往後即使不試穿，也能挑選出適合的衣服，這樣反而能節省時間。

不僅如此，在網路商店購買時，妳也能毫不失手地買到符合自己想像的單品。

測量尺寸的位置請參考下頁圖示。裙子需要量裙長和裙寬兩處，長褲需要量褲長、臀圍和大腿寬三處。測量後，將數值記錄在智慧型手機上的筆記本等處，就能方便妳隨時用上。

往後，只要是和基準服同尺寸的單品，不用試穿也能購入。

覺得測量尺寸很麻煩的人，在網路上購買時，幾乎都會有模特兒穿著商品的照片，這時不妨確認一下模特兒的身高。

現在愈來愈多網路商店會寫出「模特兒身高×××公分」。有些網路商店不只體型，甚至連體重都會寫出來。一邊參考這些數值，一邊透過與自己身高差不多的模特兒穿著商品的照片，確認裙長、褲長等，也能輕鬆找到適合自己的服裝。

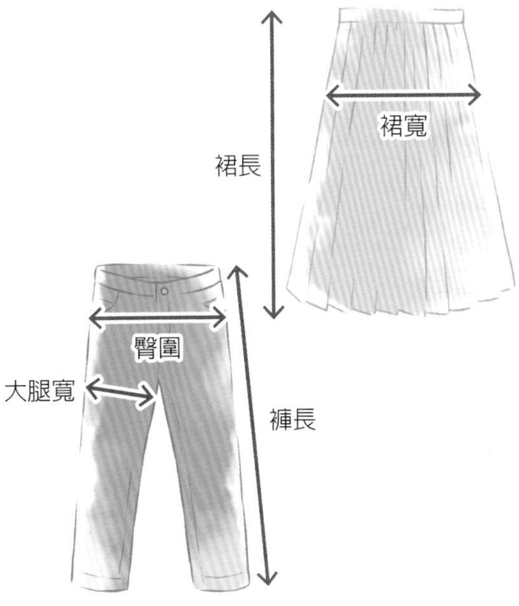

④ 特價活動是遇到高品質「基準服」的絕佳時機

相信對許多女性而言，一聽到「特價活動」就會感到十分興奮。

然而，各位應該也遇過這樣的狀況：因爲比平常便宜而出手買下的商品，結果卻因穿起來不太合適，最後一次也沒有穿過。

特價活動是優質商品降價的絕佳機會。善用這個時機挑選「基準服」，就能在特價活動中戰無不勝、攻無不克。

在特價活動中，不碰流行單品或設計性強的服裝，是絕對必須奉行的法則！

若因爲「便宜」、「可愛」、「想穿穿看」等理由，就買下特價品的話，只會讓衣櫃愈塞愈滿而已。結果妳必須在五花八門的單品中思考如何搭配，過程既燒腦又費時。

我的建議是，特價活動要用來購買高品質的「基本款單品」。我自己在特價活動中，也都只是購買能長久穿著且造型簡單的鞋子或包包，而不會購買設計造型奇特的商品。

此外，買新衣服的「時機」也很重要。尤其，特價活動通常都舉辦在當季即將結束的時期。在這時機點上才購入流行品、廉價品，就太傻了。因爲那項單品不一定能流行到下一季，所以能使用的期間必然會縮短。

若要購買流行品，即使價格稍微昂貴一點，還是要趁當季剛開始的時期購買，而非等到大特價的時候。

這麼一來，當季就能重複使用，以結果來看，雖然多花了一點錢，仍然值回票價。

再者，想要購買廉價品、流行品時，請務必確認好材質。即使造型上不是適合妳的衣服，只要參考34頁起的骨架診斷，選擇適合自己的材質，妳也能穿出好質感，而不會顯得廉價。

反過來說，若材質不適合自己的骨架類型，即使是高價的商品，一樣會顯現出廉價感，因此一定要特別留意。

那麼，挑選流行品的最大訣竅究竟是什麼呢？若是在實體店舖選購，就要看「店內是否大量陳列著款式設計相似的商品」。因爲流行的款式或顏色一定會賣得比較好，所以會在店裡大量陳列。

此外，若是在當季出刊的雜誌上經常出現的單品，也能看成是流行品。尤其是封面特輯等單元裡的穿搭所使用的服飾，多半都是流行品。

從今天起，希望各位都能聰明地利用特價活動，買到最適合自己的衣服。

5 不再後悔！防止衝動購買的三項重點

有時候，不限於在特價活動，當我們出門逛服飾店，就有可能對某件商品一見傾心。

尤其是從冬天換季到春天的時期，色調也從樸素變得活潑亮麗，這時我們往往會特別興奮雀躍。對迷人的顏色或款式設計心動不已，而忍不住拿著衣服走去結帳……妳是否也有過這樣的經驗？

即使心裡想著「不能再衝動購買了」，卻還是不知不覺地重複著這樣的舉動……如果妳也是如此，那麼在購買時，就請妳記得確認以下三項關鍵點。

關鍵01

是否符合七項確認重點

妳手裡拿的那件衣服，是否適合妳的五官和骨架？不適合的話，最好還是放回架上。

不適合妳的類型的衣服，即使在店裡看了覺得喜歡，回到家後也有極大的可能會發現，很難跟其他衣服搭配，而大大減少穿出門的機會！

覺得「這件衣服眞好看♪」的心情當然也很重要，但購買衣服時，請使用156頁的確認表嚴格審核，藉此刻意提高購買門檻。

關鍵02

回想自己擁有的衣服顏色

我們的目光很容易被自己喜歡的顏色所吸引。衣櫃裡淨是相同顏色的衣服，就是這個原因。

人的大腦比較容易記得「顏色」，而非款式。

即使對妳而言是全新的衣服，身旁的人看到，也有可能會覺得妳總是穿著相同的服裝。

當妳產生購買一件衣服的衝動時，不妨花點時間回想一下，自己擁有的衣服中，哪些顏色已經很多了。

關鍵03

務必試穿

雖然我前面說過，輪穿服可以不用試穿，但當妳猶豫該不該購買，或產生購買衝動時，建議妳還是務必先試穿看看。

而在試穿之後，一定要走出試衣間，站在大型的鏡子前照照看全身。因爲用試衣間中的鏡子，不容易看出整體的協調感，而很難判斷是否符合自己的各項確認重點。

產生購買衝動時，請先做好以上這三項確認。

如果妳是「即使如此，仍改不了衝動購買的毛病」的人，那我還有一個方法可以推薦給妳。

那就是，爲自己衣櫃中「常穿的衣服」拍照，並儲存在智慧型手機中。

有許多衝動購買的狀況，都是忍不住對相似的衣服一買再買。

因此，事先拍下已擁有的衣服的照片，就可以透過手機確認，自己是否已經擁有相同款式或顏色的衣服。

另一種狀況是，看了雜誌而覺得自己很想要某件衣服。但有些人可能會在眞的購買後，發現跟自己想像的不太一樣。如果不想犯下這種錯誤，那麼平常看雜誌時，不妨養成習慣，用手指遮住模特兒的臉，只看衣服的造型。

當雜誌中的模特兒將衣服穿得很迷人時，我們往往會被模特兒本身吸引，而失去了冷靜判斷的能力。

這些模特兒身邊，都有專業的造型師爲她們挑選適合她們的衣服，所以身上穿的當然是符合模特兒的五官氛圍或身材的單品。或者，他們也會配合衣服的氛圍，選擇適合的模特兒，以襯托衣服本身。

一件衣服即使適合某個模特兒，只要妳與那個模特兒的類型不同，穿在妳身上時的感覺就會不同。

把模特兒的臉遮起來，可以幫助我們客觀確認那件衣服，並判斷適不適合自己。

當妳實際試過這個方法，一定會驚訝於遮臉前和遮臉後，衣服給妳的感覺竟然差這麼多。

⑥

時尚美人的「衣服」購買術

當我們對一件衣服感興趣時，許多人會將衣服放在自己的身體前比，照著鏡子看看是什麼樣子；或許也有些人會在試衣間的鏡子前這麼做。

但我建議的方式是，先「把衣服放在平台上看看」。

如果一開始就把衣服放在身體前比的話，注意力就會集中在衣服的外型上，而無法正確地檢視衣服的長度、寬度。這時，我們就很有可能單憑感覺認定「這件好像不錯」，而無法冷靜判斷七項重要的確認重點是否符合。

再加上，店員一看到有顧客將衣服拿起來比，就會條件反射地走過來說「這件衣服很適合您喔」，這時又更容易讓我們失去冷靜的判斷力。

而且，如果憑感覺挑選，往往等到回了家、套上衣服後，才覺得：「咦？跟剛剛在店裡照鏡子比的感覺不一樣。」

放在平台上，確認一下衣寬、袖子、衣長等的尺寸感。

當妳想要不試穿就買到「適合自己的衣服」時，更需要冷靜判斷。記得先將衣服擺在一個平面上，邊看標籤，邊確認衣寬和袖子位置！

接著，確認是不是適合自己的款式，以上都符合了之後，再把衣服拿起來比，確認衣服長度，這樣就萬無一失了。若是裙子或褲子的話，放在身上比時，小心不要弄錯腰圍的位置。

本書所介紹的五官診斷與骨架診斷，是「依據邏輯理論」挑選出「適合自己的衣服」的方法，而非憑感覺挑選。根據邏輯理論選擇衣服，就能讓買衣服變成一種不會買錯又興奮愉快的體驗。而且妳的衣櫃裡將會變得全都是「適合自己的衣服」。

當妳每次打開衣櫃，看到裡面滿滿都是自己喜愛的衣服時，心情一定會變得更加積極正面。

7 穿出時尚感的「三色」原則

即使懂得挑選服裝的訣竅，但在衣服的設計款式之外，「顏色」的選擇也是一個傷腦筋的問題。不知不覺發現，衣櫃裡淨是相似的「顏色」……也許妳也有過這樣的經驗。

之前提過，「基準服」要選擇基本色，才方便穿搭。那麼，「輪穿服」又該選擇什麼樣的顏色呢？

就結論而言，「輪穿服」選擇流行色或喜歡的顏色就OK了。不過，有一項重點必須注意，那就是：

整體穿搭所使用到的「顏色」，不要超過三色。

這樣才能給人清爽脫俗的印象。首飾、包包、鞋子等配件的顏色，也包含在這三色之中。

不過，有圖案的服飾例外。穿搭中若選了有圖案的單品，則會出現各種顏色，因此很難不超過三色。

重點是，選擇有圖案的單品時，要讓圖案上的其中一色，出現在其他單品上。或者圖案本身雖然使用了好幾種顏色，但是只有將底色算成「一色」。

請各位先看看這圖中的穿搭。

右邊的穿搭中，有圖案的洋裝的底色是橘色，若將這個橘色看作「一色」，再搭配上白色外套和米色淺口鞋，則沒有超過三色。

在這樣的穿搭中，若把內搭衣改成黑色之類完全不同的顏色，則整體就會變成四種顏色。

請再看接下來這張照片。這麼一來，馬上會失去一貫性，看起來就變得不夠清爽了。

那麼，為何是三色呢？因為三種顏色的搭配，比例最好。

想讓自己看起來比較高或比較矮時，使用二色的穿搭能產生這一類效果。但相較於三色穿搭，有時二色穿搭的兩個顏色會各自搶戲，而給人比較咄咄逼人的印象。但若到四色以上的話，就會和185頁的黑色內搭衣一樣，因為顏色過多而看起來不夠清爽。三色也可說是介於這兩者之間，是顏色上的最佳比例。

因此，基本上的建議是採用三色穿搭，不過在選擇顏色時，建議各位還要注意自己是在什麼樣的場合「被看到」。

比方說，冬季我們會穿外套。如果多半是在外套脫掉的狀態下與人見面的話，在穿搭上就是以脫掉的狀態形成「三色」的搭配為準。

如果多半是在穿著外套的狀態下與人見面的話，則是以穿著外套的狀態形成「三色」的搭配為準。

必須小心的是，基本色的相互組合。上身、下身衣著都是基本色的話，雖然在穿搭上很方便，但容易給人過於樸素的印象。

將基本色相互組合時，就要在首飾、包包、鞋子等配件上加上重點色，才能穿出時尚感。重點色要使用三原色或搶眼的顏色。可從五官診斷類型的「適合的顏色」中選擇，搭配起來就會很簡單。

順帶一提，我經常把銀色或金色的重點色放在首飾上，因爲金色和銀色都與基本色一拍即合。夏季只要加入了銀色，就能提升時尚感；秋季只要使用金色，就能增添女人味。

只不過，必須留意的是，無論是金色或銀色都算是「一個顏色」。比方說，包包是銀色，首飾是金色的話，就會給人不協調的印象。要在衣服以外的單品中用上金色或銀色時，最好是能將顏色加以統一，看起來才會更美。因此，建議各位買齊銀色和金色的包包和鞋子，當上下身服裝都選擇了基本色時，就能用這些配件來擺脫樸素感。

此外，上身服裝只要選擇紅綠燈的紅、綠、黃色，就能增加搶眼度，還能給人耳目一新的感覺。

紅綠燈色與「基準服」的基本色十分相稱，即使是不擅長穿搭的人，也很推薦採用這些顏色。

開襟外套之類的「外衣」中，只要有一件是屬於紅綠燈色，就能讓妳的基準服有更多變的組合。

⑧ 看起來更高、顯瘦的穿搭
——二色法則

正在閱讀這本書的讀者中，或許也有嬌小的女性。我自己也是身高只有154公分，所以嬌小女生的心情我十分了解。

對於個頭嬌小的女性，我會推薦「款式設計要配合骨架類型挑選」，以及「在配色上下工夫」。

個頭嬌小的女性，要利用配色，讓他人的目光集中在上半身。

比方說，妳要穿一套以桃粉色和白色組合而成的服裝，把哪個顏色放在上半身，看起來會比較高䠷？

答案是把桃粉色放在上半身，白色放在下半身。

如果下半身是桃粉色，上半身是白色的話，別人的目光會停留在色彩較重的桃粉色上，因此重心會下降，人看起來就比較矮小。

如果把桃粉色放在上半身的話，就會強調身體的縱直線，不僅看起來比較高䠷，還會有顯瘦的效果。因此，「鮮豔搶眼的顏色要放在上半身」是不變的原則。體型比較豐滿的人，我也會建議遵守這項配色規則。

高個子的人就正好相反，鮮豔搶眼的顏色要放在下半身。這麼一來，重心就會下降，而讓人顯得比較嬌小。

除了顏色的技巧之外，下半身穿著具有分量感的裙子或長褲，也會因爲重心降低，而顯得嬌小。至於首飾，最好搭配造型小巧的單品。

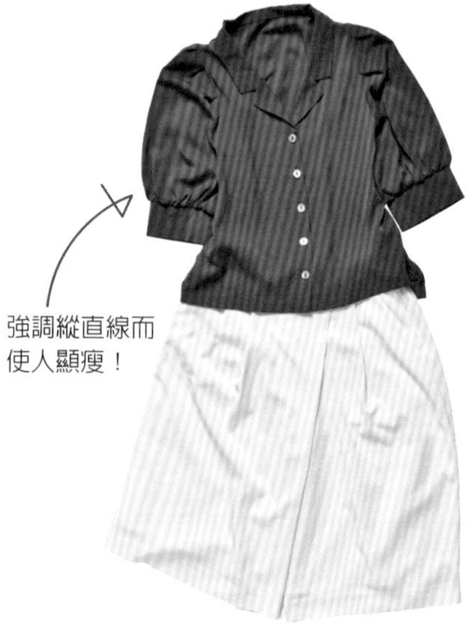

若選擇雙色的服裝，不知道哪個才是更搶眼的顏色，例如黑白的配色，此時的訣竅則是，上半身要選擇穩重的顏色。

兩個顏色都沒有太強烈的印象，且色調差距又不大時，像是灰色×米色等，則不會有顯瘦或顯高䠷的效果。

在這時候，靠近臉部的首飾或項鍊，可以選擇鮮豔搶眼的顏色，如此一來就能讓他人的視線向上移動。於是就能跟衣服一樣，產生顯瘦、顯高䠷的效果。

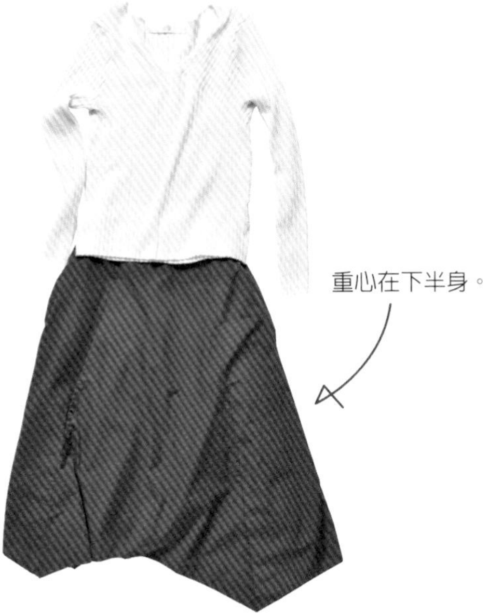

⑨ 要讓腳看起來修長，就要選擇米色鞋子

接下來介紹的訣竅，也是利用視覺效果。鞋子若選擇與皮膚相近的顏色，鞋色就會顯得不起眼，而能使腿看起來更修長。

想要製造出顯腿長效果的話，建議無論如何都穿「米色的鞋子」。米色之中，特別是與皮膚十分相稱的粉米色，又更能發揮顯腿長的效果。

尤其是骨架類型屬於直筒型的人，因爲本身的特徵就是膝蓋以下的比例又細又長，所以選用米色鞋子的效果特別出眾。若要突顯出這項特徵，可選擇腳背部分露出較多的淺口鞋或高跟鞋，就能看起來更修長。

此外，芭蕾舞鞋等鞋尖呈尖端狀的單品（尖頭鞋），雖然也具有顯腿長的效果，但有一點需要留意。

因為尖頭鞋是屬於直線形的設計，所以與五官診斷屬於女性臉的「偶像型」或「優雅型」的人散發出的氛圍不相稱。反之，男性臉的「男孩型」和「寶塚型」的人，則很適合穿著尖頭造型的鞋子，與服裝的氛圍也十分相稱。

若將重點色放在鞋子上的話，則會使旁人的目光集中在此，如此一來就無法產生顯腿長的效果。因此，在「顏色」的選擇上，不妨根據當天見面的對象、前往的場所、自己想以什麼樣的姿態讓人看到，來做出不同的決定。

後記——一定有一套衣服是專門為妳而存在的！

我最愛追求時尚，一有流行品就會立即購入，在成衣製造商工作時，我大半薪水都花在了買衣服上。

被我愛的衣服包圍雖然很幸福，但實際穿上各式各樣的單品後，卻很少會覺得：「這件衣服完全適合我！」我一直很難找到適合自己的衣服。

後來，我當上了主播，這個職場十分光鮮亮麗。有人是穿著富有女人味的服裝，帶給人可愛的印象；也有人是穿著褲裝很帥氣，會給人知性的印象。

「一個人的形象也許會隨著穿著改變……什麼樣的打扮才是適合我的呢？」於是，我開始思考這個問題，卻遲遲找不到答案。

但就在此時，我接觸到了「骨架診斷」與「個人顏色診斷」。

那是很棒的理論，我一股腦兒地埋頭學習，透過理論打扮自己，但心中卻有一個地方還是感到不太對勁。那就是與「五官」的協調感。

骨架診斷是在提倡什麼體型適合什麼穿衣風格，個人顏色診斷則是透過皮膚和眼睛的顏色找出適合自己的顏色，這些理論都與五官的氛圍，沒有太大的關聯性。

「我想找到一個也能根據五官氛圍來挑衣的方式！」有了這樣的想法後，我開始無論走到哪裡，都會手拿著一把尺替人測量五官數值，至今讓我測量過五官的人數已高達五千人以上！

曾有人一開始對我說：「第一次讓人測量五官尺寸，好緊張喔。」但在測量完後，笑容滿面地告訴我：「能知道自己五官的局部比例眞是新鮮！以後挑起衣服來一定更有樂趣。」本書中介紹的「升級五官診斷」就是在眾人這樣的幫助與回饋中完成的。

選不到適合的衣服，不是因爲妳的品味不好，只是因爲妳還不知道自己散發出的是哪種氛圍。

從明天起，妳一定能讓自己全身上下都穿著最適合自己的服裝，讓臉上綻放出光彩奪目的笑容。

但願升級五官診斷，能讓各位發現自己與生俱來的魅力，穿戴上更加突顯自我魅力的服飾，進而活出更美麗、更豐富的人生。

最後，這本書中滿懷的是對各位的感激。感謝五千名以上協助我測量五官數值的女性，感謝拿起這本書讀到最後的妳。

此外，也要感謝從本書企劃一開始就對我照顧有加的大島永理乃女士，以及一路支持著我的升級打扮規劃師協會（格上げおしゃれプランナー協会）的每個夥伴，我由衷地感謝各位。

升級打扮規劃師協會
代表理事 富澤理惠

書末附錄

掌握最適合妳的衣服！

升級五官診斷表單

只要三個步驟，即能診斷出妳的五官類型！
(另附可裁切使用的「色卡」和「診斷尺」)

本書正文中介紹的是簡易版的五官診斷，
此處則為各位準備了能簡單正確測量的「五官診斷表單」。
若妳想要有更正確的判斷，或在簡易版時無法判斷的話，
請使用這裡附的診斷尺測量。

Introduction

診斷方法

How to Check Your Face Type

【測量時的注意點】

・請使用能照出整張臉的鏡子。

・請仔細閱讀量尺上所寫的重點，並遵照指示測量。

・用量尺測量時，五官不要放鬆下垂。

【診斷方法】

① 進行書末附錄1的局部診斷。
沿著虛線將書末的診斷尺全部裁切下來。
使用 1 到 5-2 的診斷尺，測量各個局部的長度。
下一頁的表單中，請在符合自己結果的項目上打〇。

打了最多〇的就是妳所屬的類型。

② 進行書末附錄2的比例診斷。

請使用有刻度的「Check長度！」尺，測量臉的縱長和橫寬。比較看看哪一方較長，藉此診斷出自己屬於娃娃臉比例or成人臉比例or中間比例。

③ 利用書末附錄3的整體五官診斷，診斷出妳的五官類型。

從書末附錄3的整體五官診斷表中，將綜合書末附錄1的局部診斷結果和書末附錄2的比例診斷結果兩者相乘，找到自己的類型。

詳細診斷方式請觀賞影片

https://youtu.be/UURc7nkzwQY

1

局部診斷

Parts diagnosis

將書末附錄 1 到 5-2 的診斷尺裁切下來，當作測量工具。
按照尺上所寫的部位，將尺靠在該部位測量，量出自己的五官長度是屬於A或B。
上下的格子中，出現最多符合測量結果的項目，就代表妳是屬於該類型。
（例）1 是A而 2 是B的話，只有寶塚型是A和B的組合，所以就在該處打○。

請在符合測量結果之處（A or B）打○。
接著再將妳的結果對照下方的表格打○。

1 A・B	3-1 A・B	4-1 A・B	5-1 A・B
2 A・B	3-2 A・B	4-2 A・B	5-2 A・B

1 B	3-1 A	4-1 B	5-1 A	局部診斷結果 1 偶像型
2 A	3-2 B	4-2 A	5-2 B	

1 A	3-1 A	4-1 A	5-1 A	局部診斷結果 2 男孩型
2 A	3-2 A	4-2 A	5-2 A	

1 B	3-1 B	4-1 B	5-1 B	局部診斷結果 3 優雅型
2 B	3-2 B	4-2 B	5-2 B	

1 A	3-1 B	4-1 A	5-1 B	局部診斷結果 4 寶塚型
2 B	3-2 A	4-2 B	5-2 A	

數目相同時，以 3 的眼睛部位是何種類型為優先。

妳的局部診斷結果

◀ 下一項是比例診斷

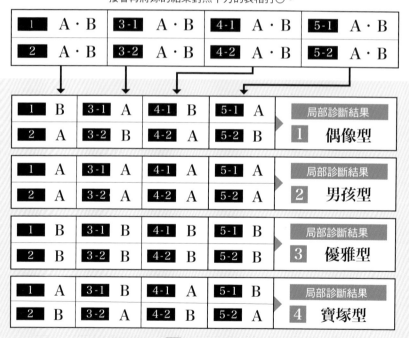

2

比例診斷

Balance diagnosis

使用有刻度的「Check！長度」尺，測量以下兩個項目的長度。
①從髮際線到左右黑眼珠連結線的中央。
②從左右黑眼珠連結線的中央到上唇與下唇的中間。
依①、②的長度診斷出比例。

測量①和②，並將結果寫在下方。

Check長度！	①　　cm	②　　cm

診斷的結果是看妳的比例符合下列哪一項。

①比較長	1 娃娃臉比例
②比較長	2 成人臉比例
③一樣長	3 中間比例

妳的比例診斷結果

◀ 最後一項是整體五官診斷

3

整體五官診斷

Overall diagnosis

利用1的局部診斷結果和2的比例診斷結果，診斷出五官類型。

兩者交叉之處，就是妳的診斷結果。

2 比例診斷 / 1 局部診斷	1 娃娃臉比例	2 成人臉比例	3 中間比例
1 偶像型	偶像型	優雅型 ★	偶像型
2 男孩型	男孩型	寶塚型 ★	男孩型
3 優雅型	偶像型 ★	優雅型	優雅型
4 寶塚型	男孩型 ★	寶塚型	寶塚型
標註★號的人	有標註★的人，是指此結果與局部診斷的結果類型不同，這些人的局部與比例給人的印象是不同的。 詳細請參照正文P54。		

妳的升級五官診斷結果

四類型的色卡

Color diagnosis

顏色也是決定妳給人的印象的重大要素。
選擇衣服時，只要帶著這個色卡，就能立刻知道自己適合的顏色有哪些。
請裁切下來，放在隨身攜帶的手帳等處，就能隨時利用。

升級五官診斷

偶像型

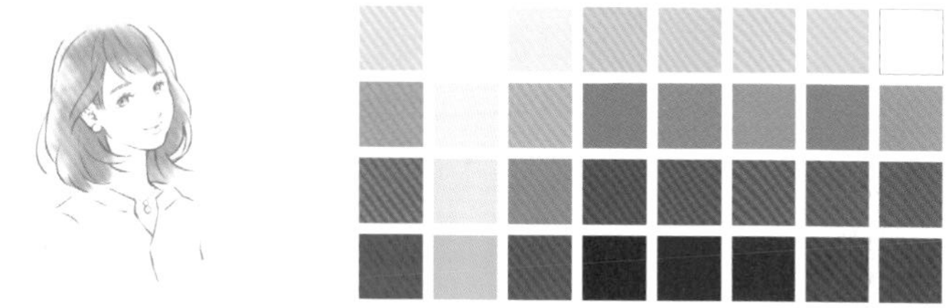

升級五官診斷

男孩型

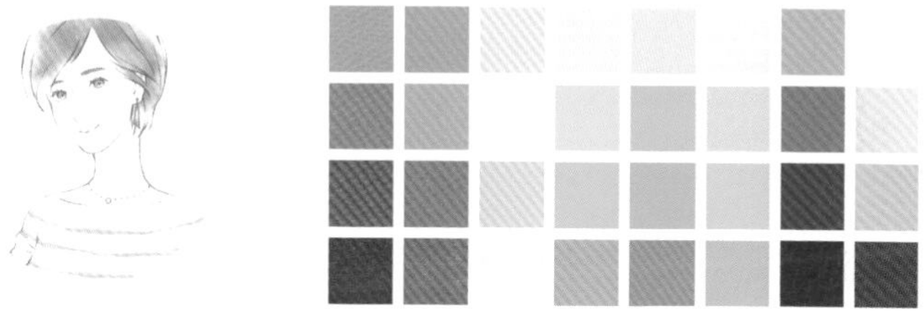

升級五官診斷

優雅型

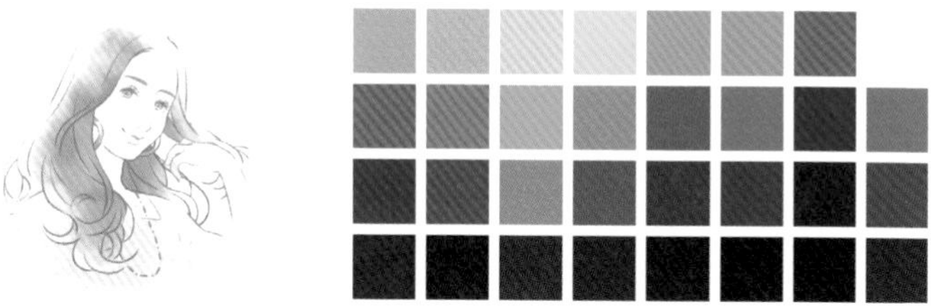

升級五官診斷

寶塚型

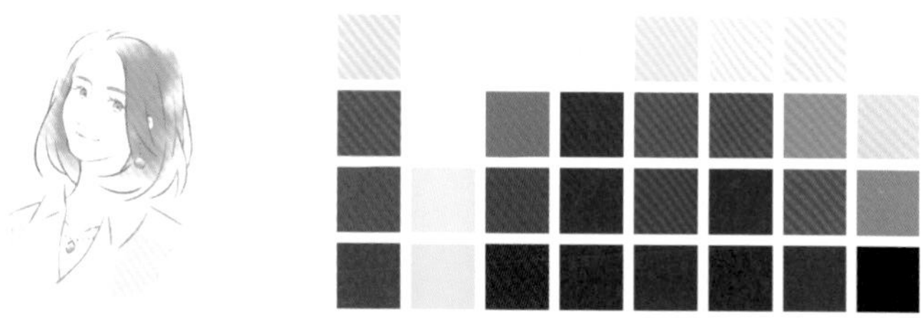

請沿著虛線裁切下來後，當成診斷尺使用。

1 臉的橫寬 在左右臉的顴骨最高位置上，測量距離。 A B

2 臉的縱長 測量髮際線到下巴尖端的距離。
測量時，尺要經過左右黑眼珠的中央。 A B

A B **3-1 眼睛的橫寬** 測量眼頭到眼尾的距離。

A B **3-2 眼睛的縱長** 雙眼皮、內雙眼皮的話，測量從雙眼皮上層的線到下眼睫毛根部的距離。
單眼皮的話，是測量從眼瞼的睫毛根部到下眼睫毛根部的距離。

A B **4-1 鼻子的橫寬** 測量左右鼻孔外側的距離。

A B **4-2 鼻子的縱長** 測量左右眉頭下緣連成一線的中央點到鼻尖的距離。

A B **5-1 嘴巴的橫寬** 測量左右嘴角的距離。

A B **5-2 嘴巴的縱長** 測量上唇中央到下唇中央唇線的距離。

Check長度！ ①從髮際線到左右黑眼珠的中央。②從左右黑眼珠的中央到上唇與下唇之間。

0 1 2 3 4 5 6 7 8 9 10 11 12 13 14 15 16 17 18 19 20

請沿著虛線裁切下來後，當成診斷尺使用。

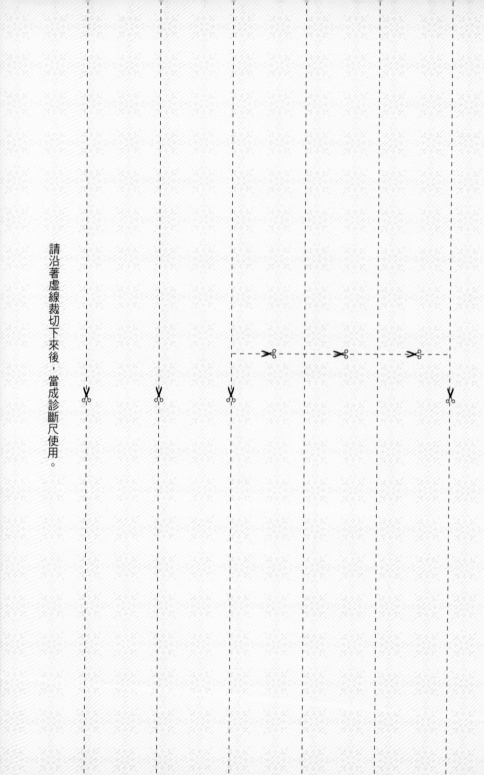

討論區 045

從此不會穿錯衣：五官診斷×骨架分析的零失誤穿搭法

作者｜富澤理惠
譯者｜李璦棋
出版者｜大田出版有限公司
台北市一〇四四五 中山北路二段二十六巷二號二樓
編輯部專線｜（02）2562-1383 傳真：（02）2581-8761
E-mail｜titan@morningstar.com.tw http://www.titan3.com.tw
總編輯｜莊培園
副總編輯｜蔡鳳儀
行銷編輯｜陳映璇／黃凱玉
行政編輯｜林珈羽
校對｜黃薇霓／黃素芬
初刷｜二〇二一年八月十二日 定價：三九九元
購書E-mail｜service@morningstar.com.tw
網路書店｜http://www.morningstar.com.tw
TEL：04-2359-5819 FAX：04-2359-5493
郵政劃撥｜15060393（知己圖書股份有限公司）
印刷｜上好印刷股份有限公司
國際書碼｜978-986-179-629-1 CIP：423.23/110002966

國家圖書館出版品預行編目資料

從此不會穿錯衣：五官診斷×骨架分析的零失誤穿搭法／富澤理惠著；李璦棋譯.
——初版——臺北市：大田，2021.08
面；公分.——（討論區；045）

ISBN 978-986-179-629-1（平裝）

423.23 110002966